Volkan Kahya

Rozwiązania dla płaskich elastostatycznych problemów kontaktowych

Volkan Kahya

Rozwiązania dla płaskich elastostatycznych problemów kontaktowych

z mediami anizotropowymi

Wydawnictwo Bezkresy Wiedzy

Imprint
Any brand names and product names mentioned in this book are subject to trademark, brand or patent protection and are trademarks or registered trademarks of their respective holders. The use of brand names, product names, common names, trade names, product descriptions etc. even without a particular marking in this work is in no way to be construed to mean that such names may be regarded as unrestricted in respect of trademark and brand protection legislation and could thus be used by anyone.

Cover image: www.ingimage.com

Publisher:
Wydawnictwo Bezkresy Wiedzy
is a trademark of
International Book Market Service Ltd., member of OmniScriptum Publishing Group
17 Meldrum Street, Beau Bassin 71504, Mauritius

Printed at: see last page
ISBN: 978-620-2-44682-2

Rozwiązania dla płaskich elastostatycznych problemów kontaktowych

Volkan Kahya

Uniwersytet Techniczny Karadeniz, Turcja

Ta praca jest poświęcona pamięci mojego ojca.

KONTENCJE

Wstęp

Anizotropia, różne elastyczne moduły w różnych kierunkach, jest nieodłączną cechą każdego materiału w przyrodzie. Drewno jest najlepszym przykładem anizotropii. W przeszłości materiały uznawano za jednorodne i izotropowe niezależnie od ich składu. Chociaż założenie to ułatwia obliczenia, dzisiejsza technologia wymaga uwzględnienia anizotropii materiałów w połączeniu z pojawiającymi się nowymi, wysokowydajnymi materiałami kompozytowymi. Konstrukcje lub elementy konstrukcyjne składające się z dwóch lub więcej materiałów, które są wzmacniane w różnych kierunkach, są szeroko stosowane w różnych gałęziach inżynierii. Ten typ struktur wykazuje anizotropię materiałową. Zrozumienie właściwości mechanicznych materiałów anizotropowych pod wpływem obciążeń zewnętrznych jest więc bardzo istotne dla projektowania i analizy.

Gdy dwa ciała stykają się ze sobą, w obszarze stężeń naprężeń mogą wystąpić w obszarze styku. W związku z tym problemy z kontaktem są dość istotne w zdecydowanej większości zastosowań inżynieryjnych. Chociaż klasyczne problemy z kontaktem elastycznym, tj. problemy Hertza i Boussinesqa, nie stanowią większego wyzwania w przypadku anizotropowym niż w przypadku izotropowym, należy szczegółowo wyjaśnić metodologię rozwiązywania bardziej złożonych problemów kontaktowych z mediami anizotropowymi.

Celem tej książki jest, aby dać, w skrócie, rozwiązanie problemów kontakt płaszczyzny anizotropowych mediów przez teorię sprężystości z pomocą integralnej metody przekształcania. Jest przeznaczona jako książka referencyjna dla inżynierów i naukowców pracujących w przemyśle i na uczelniach wyższych. Wcześniejsze prace autora w tym zakresie zostały wykorzystane w przygotowaniu tej książki. Ogólny układ książki jest następujący:

W rozdziale 1 przedstawiono pokrótce ogólne definicje i wyrażenia elastyczności ciał stałych anizotropowych. Rozdział 2 przedstawia metodologię rozwiązywania problemów kontaktowych dla ciał anizotropowych za pomocą metody transformacji integralnej Fouriera. Wyrażenia dla przemieszczeń i naprężeń dla typowej warstwy i półpłaszczyzny z monokliniczną, ortotropową i poprzeczną izotropową anizotropią. Rozdział 3 przedstawia zastosowanie teorii do niektórych klas problemów kontaktowych mediów anizotropowych. Trzy różne problemy są szczegółowo rozpatrywane. Przedstawiono dyskusje na temat uzyskanych wyników liczbowych. Końcowe części książki zawierają załączniki i cytowane odniesienia.

Szczególne podziękowania kieruję do profesora Ragıpa Erdöla, profesora A. Osmana Çakıroğlu, profesora Ahmeta Birinci i profesora Talata Ş. Özşahin. Ich wkład w tę pracę jest doceniany. Dziękuję mojej rodzinie za cierpliwość, miłość i wsparcie.

Volkan Kahya
Uniwersytet Techniczny Karadeniz
Trabzon, 2015 r.

Rozdział 1

RÓWNANIA SPRĘŻYSTOŚCI DLA CIAŁ STAŁYCH ANIZOTROPOWYCH

Jeżeli właściwości sprężyste bryły różnią się w zależności od kierunku, jest to tzw. *materiał anizotropowy*. Być może napotkaliśmy różne rodzaje problemów związanych z materiałami anizotropowymi w różnych gałęziach inżynierii, takich jak lotnictwo, motoryzacja, górnictwo, produkcja, maszyny i inżynieria lądowa.

W przeszłości materiały były generalnie uznawane za jednorodne i izotropowe, niezależnie od ich składu. Założenie dotyczące liczby niezależnych stałych sprężystych ciała izotropowego, które jest tylko dwiema, znacznie upraszcza obliczenia. Jednak liczba niezależnych stałych sprężystych dla ciała anizotropowego jest większa niż dwa. Z tego powodu założenie, że materiał jest izotropowy może prowadzić do niewłaściwych lub nieprawidłowych wyników. Dlatego też dzisiejsza technologia w wielu zastosowaniach przemysłowych i inżynieryjnych wymaga uwzględnienia anizotropii materiałowej.

Zanim zaczniemy rozwiązywać problemy ciał anizotropowych, najpierw dokonamy przeglądu podstawowych równań sprężystości anizotropowej w tym rozdziale. Poniżej przedstawiono w skrócie ogólne wyrażenia dla brył anizotropowych. Więcej informacji na ten temat można znaleźć w części Źródła. [1-4].

1.1 Zależności odkształcenie, naprężenie i odkształcenie - przemieszczenie

Deformacja korpusu odnosi się do względnych przemieszczeń i zmian geometrii korpusu pod wpływem obciążenia zewnętrznego. W prostokątnej ramie odniesienia (X_1, X_2, X_3), czujnik odkształcenia może być nadany przez

$$\boldsymbol{\varepsilon} = \begin{pmatrix} \varepsilon_{11} & \gamma_{12} & \gamma_{13} \\ \gamma_{12} & \varepsilon_{22} & \gamma_{23} \\ \gamma_{13} & \gamma_{23} & \varepsilon_{33} \end{pmatrix} \tag{1.1}$$

Jeżeli składowe przemieszczenia w układzie współrzędnych są (X_1, X_2, X_3) zdefiniowane jako $u_1 = u_1(X_1, X_2, X_3)$, $u_2 = u_2(X_1, X_2, X_3)$ i $u_3 = u_3(X_1, X_2, X_3)$ tym samym możemy zdefiniować składowe odkształcenia w równaniu (1.1) w kategoriach przemieszczeń jako

$$\varepsilon_{11} = \frac{\partial u_1}{\partial X_1}, \quad \varepsilon_{22} = \frac{\partial u_2}{\partial X_2}, \quad \varepsilon_{33} = \frac{\partial u_3}{\partial X_3}, \quad \gamma_{12} = 2\varepsilon_{12} = \frac{\partial u_1}{\partial X_2} + \frac{\partial u_2}{\partial X_1},$$
$$\gamma_{13} = 2\varepsilon_{13} = \frac{\partial u_1}{\partial X_3} + \frac{\partial u_3}{\partial X_1}, \quad \gamma_{23} = 2\varepsilon_{23} = \frac{\partial u_2}{\partial X_3} + \frac{\partial u_3}{\partial X_2} \tag{1.2}$$

gdzie i $\varepsilon_{ii}\,(i = 1,2,3)$ oznaczać względne szczepy normalne (wydłużenia) i względne szczepy ścinające (zmiany kątów), odpowiednio.

Stan naprężeń w punkcie w ciele ciągłym może być wyrażony przez składniki naprężeń na trzech wzajemnie prostopadłych płaszczyznach, które przechodzą przez wybrany punkt. Przyjmuje się, że płaszczyzny są zazwyczaj prostopadłe do kierunków współrzędnych niektórych ortogonalnych układów współrzędnych jako (X_1, X_2, X_3). Tak więc, napinacz stresu może być nadany przez

$$\boldsymbol{\sigma} = \begin{pmatrix} \sigma_{11} & \tau_{12} & \tau_{13} \\ \tau_{12} & \tau_{22} & \tau_{13} \\ \tau_{13} & \tau_{13} & \sigma_{33} \end{pmatrix} \tag{1.3}$$

gdzie i $\sigma_{ii}\,(i = 1,2,3)$ gdzie znajdują się odpowiednio naprężenia normalne i ścinające.

1.2 Równania ruchu

Dla ciała stałego pod działaniem sił zewnętrznych i cielesnych, równania ruchu mogą być nadawane przez

$$\frac{\partial \sigma_{11}}{\partial X_1}+\frac{\partial \tau_{12}}{\partial X_2}+\frac{\partial \tau_{13}}{\partial X_3}+\mathrm{X}=\rho\frac{\partial^2 u_1}{\partial t^2},$$
$$\frac{\partial \tau_{12}}{\partial X_1}+\frac{\partial \sigma_{22}}{\partial X_2}+\frac{\partial \tau_{23}}{\partial X_3}+\mathrm{Y}=\rho\frac{\partial^2 u_2}{\partial t^2},$$
$$\frac{\partial \tau_{13}}{\partial X_1}+\frac{\partial \tau_{23}}{\partial X_2}+\frac{\partial \sigma_{33}}{\partial X_3}+\mathrm{Z}=\rho\frac{\partial^2 u_3}{\partial t^2} \tag{1.4}$$

gdzie jest ρgęstość masy, a X, Y i Z są siłami ciała na jednostkę objętości. W przypadku problemów statycznych prawa strona równań (1.4) staje się zerowa.

1.3 Równania składowe: Uogólnione prawo Hooke'a

Równania składowe odnoszą się do naprężeń przyłożonych w organizmie do powstających naprężeń poprzez właściwości materiału. Aby uzyskać te relacje, konieczne jest wybranie modelu odzwierciedlającego właściwości sprężyste ciała. Materiał, z którego wykonano ciało, jest *idealnie elastyczny*, jeśli ciało odzyskuje swoją pierwotną formę, gdy siły zewnętrzne zostaną usunięte. Ten rodzaj materiału jest tzw. *elastyczny liniowo* i podlega następującej zależności:

$$\boldsymbol{\sigma}=\mathbf{C}\boldsymbol{\varepsilon} \tag{1.5}$$

który jest znany jako ogólne prawo Hooke'a. Za pomocą tego równania odnosimy składniki naprężeń do odpowiednich składników naprężeń. Równanie (1.5) może być napisane w jednoznacznej formie jako:

$$\begin{Bmatrix}\sigma_1\\ \sigma_2\\ \sigma_3\\ \sigma_4\\ \sigma_5\\ \sigma_6\end{Bmatrix}=\begin{bmatrix}C_{11} & C_{12} & C_{13} & C_{14} & C_{15} & C_{16}\\ C_{12} & C_{22} & C_{23} & C_{24} & C_{25} & C_{26}\\ C_{13} & C_{23} & C_{33} & C_{34} & C_{35} & C_{36}\\ C_{14} & C_{24} & C_{34} & C_{44} & C_{45} & C_{46}\\ C_{15} & C_{25} & C_{35} & C_{45} & C_{55} & C_{56}\\ C_{16} & C_{26} & C_{36} & C_{46} & C_{56} & C_{66}\end{bmatrix}\begin{Bmatrix}\varepsilon_1\\ \varepsilon_2\\ \varepsilon_3\\ \varepsilon_4\\ \varepsilon_5\\ \varepsilon_6\end{Bmatrix} \tag{1.6}$$

gdzie znajdują się stałe sprężyste materiału, oraz $\sigma_1 = \sigma_{11}$, $\sigma_2 = \sigma_{22}$, $\sigma_3 = \sigma_{33}$ $\sigma_4 = \tau_{23}$, $\sigma_5 = \tau_{13}$, , $\sigma_6 = \tau_{12}$ $\varepsilon_1 = \varepsilon_{11}$, , , $\varepsilon_2 = \varepsilon_{22}$, $\varepsilon_3 = \varepsilon_{33}$, , , $\varepsilon_4 = \gamma_{23} = 2\varepsilon_{23}$ $\varepsilon_5 = \gamma_{13} = 2\varepsilon_{13}$, , i $\varepsilon_6 = \gamma_{12} = 2\varepsilon_{12}$. Jak widać w Równaniu (1.6), ogólny materiał anizotropowy charakteryzuje się 21 niezależnymi stałami sprężystymi.

1.4. Symetria elastyczna

Jeżeli współczynniki sprężystości C_{ij} w danym punkcie pozostają niezmienione dla każdej pary układów współrzędnych będących lustrzanymi odbiciami siebie nawzajem przez płaszczyznę, płaszczyzna ta jest tzw. płaszczyzną symetrii materiałowej (lub sprężystej) w tym punkcie. Gdy materiał anizotropowy posiada symetrię sprężystą, liczba niezależnych stałych sprężystych jest dodatkowo zmniejszana.

Gdy współczynniki sprężystości w każdym punkcie ciała są równoważne dla dowolnych dwóch kierunków, które są symetryczne w odniesieniu do określonej płaszczyzny $X_3 = 0$, np. W tym przypadku liczba niezależnych stałych sprężystych zostaje zredukowana do trzynastu, a matryca współczynnika materiałowego **C** staje się

$$\mathbf{C} = \begin{bmatrix} C_{11} & C_{12} & C_{13} & 0 & 0 & C_{16} \\ C_{12} & C_{22} & C_{23} & 0 & 0 & C_{26} \\ C_{13} & C_{23} & C_{33} & 0 & 0 & C_{36} \\ 0 & 0 & 0 & C_{44} & C_{45} & 0 \\ 0 & 0 & 0 & C_{45} & C_{55} & 0 \\ C_{16} & C_{26} & C_{36} & 0 & 0 & C_{66} \end{bmatrix} \tag{1.7}$$

Materiał *ortotropowy* ma trzy wzajemnie ortogonalne płaszczyzny symetrii materiałowej, stąd liczba jego współczynników sprężystości wynosi dziewięć. Matryca współczynnika materiałowego **C** może być zapisana jako

$$\mathbf{C}=\begin{bmatrix} C_{11} & C_{12} & C_{13} & 0 & 0 & 0 \\ C_{12} & C_{22} & C_{23} & 0 & 0 & 0 \\ C_{13} & C_{23} & C_{33} & 0 & 0 & 0 \\ 0 & 0 & 0 & C_{44} & 0 & 0 \\ 0 & 0 & 0 & 0 & C_{55} & 0 \\ 0 & 0 & 0 & 0 & 0 & C_{66} \end{bmatrix} \tag{1.8}$$

gdzie współczynniki sprężystości C_{ij} można wyrazić w postaci stałych inżynieryjnych E_i oraz G_{ij} ν_{ij} $(i,j=1,2,3)$ w następujący sposób [4]:

$$\begin{aligned} &C_{11}=E_1\frac{1-\nu_{23}\nu_{32}}{\Delta},\quad C_{22}=E_2\frac{1-\nu_{13}\nu_{31}}{\Delta},\quad C_{33}=E_3\frac{1-\nu_{12}\nu_{21}}{\Delta},\\ &C_{12}=E_1\frac{\nu_{21}+\nu_{23}\nu_{31}}{\Delta}=E_2\frac{\nu_{12}+\nu_{32}\nu_{13}}{\Delta},\\ &C_{13}=E_1\frac{\nu_{31}+\nu_{21}\nu_{32}}{\Delta}=E_3\frac{\nu_{13}+\nu_{12}\nu_{23}}{\Delta},\\ &C_{23}=E_2\frac{\nu_{32}+\nu_{12}\nu_{31}}{\Delta}=E_3\frac{\nu_{23}+\nu_{21}\nu_{13}}{\Delta},\\ &C_{44}=G_{23},\quad C_{55}=G_{13},\quad C_{66}=G_{12} \end{aligned} \tag{1.9}$$

gdzie $\Delta=1-\nu_{12}\nu_{21}-\nu_{23}\nu_{32}-\nu_{13}\nu_{31}-2\nu_{13}\nu_{21}\nu_{32}$. reprezentują moduły Younga w 1, 2 i 3 kierunkach, odpowiednio, są współczynniki Poissona i są to moduły ścinania w 2-3, 1-3 i 1-2 płaszczyznach, odpowiednio. Dla materiału ortotropowego, następujący związek utrzymuje się również pomiędzy modułami Younga i E_i stosunkiem Poissona ν_{ij}:

$$\frac{\nu_{ij}}{E_i}=\frac{\nu_{ji}}{E_j}\quad (i,j=1,2,3) \tag{1.10}$$

Materiał jest *poprzecznie izotropowy*, gdy jego współczynniki sprężystości są niezmienne w odniesieniu do dowolnego obrotu danej osi. Na przykład, jeśli oś obrotu jest X_3-axis, wtedy matryca współczynnika materiałowego **C** staje się

$$
\mathbf{C}=\begin{bmatrix} C_{11} & C_{12} & C_{13} & 0 & 0 & 0 \\ C_{12} & C_{11} & C_{13} & 0 & 0 & 0 \\ C_{13} & C_{13} & C_{33} & 0 & 0 & 0 \\ 0 & 0 & 0 & C_{44} & 0 & 0 \\ 0 & 0 & 0 & 0 & C_{44} & 0 \\ 0 & 0 & 0 & 0 & 0 & C_{66} \end{bmatrix} \qquad (1.11)
$$

gdzie $C_{66} = (C_{11} - C_{12}) / 2$. Oczywiście izotropia poprzeczna jest szczególnym przypadkiem ortotropii, w którym współczynniki sprężystości materiału są takie same w odniesieniu do osi 1 i 2. Jak widać, istnieje pięć niezależnych stałych charakteryzujących poprzeczną izotropię.

Kiedy ciało ma elastyczną symetrię we wszystkich kierunkach, nazywa się ją *izotropową*. Dla ciała izotropowego, niezeroelastyczne współczynniki sprężystości są następujące

$$
\begin{aligned}
&C_{11} = C_{22} = C_{33} = \lambda + 2\mu, \quad C_{12} = C_{13} = C_{23} = \lambda, \\
&C_{44} = C_{55} = C_{66} = \mu
\end{aligned} \qquad (1.12)
$$

gdzie i λ μ są to stałe elastyczne Láme, które można zdefiniować jako

$$
\lambda = \frac{\nu E}{(1+\nu)(1-2\nu)}, \quad \mu = G = \frac{E}{2(1+\nu)} \qquad (1.13)
$$

Jak wyraźnie widać, materiał izotropowy może charakteryzować się tylko dwiema niezależnymi stałymi sprężystymi: Moduł Younga i stosunek Poissona E ν.

1.5. Transformacja naprężeń, naprężeń i współczynników materiałowych

W poprzednich sekcjach, równania konstytutywne dla materiałów ortotropowych zostały napisane w zakresie stresu i składników szczepu w głównym materialnym systemie koordynacji (X_1, X_2, X_3). Innymi słowy, napisaliśmy te relacje dla *materialnego przypadku na osi*. Jednak układ współrzędnych stosowany w rozwiązaniu, tj. współrzędne problemu, generalnie nie pokrywa się z układem współrzędnych materiałowych. W tym przypadku mamy *materiał pozaosiowy*. W związku z tym wymagana jest transformacja współrzędnych w celu ustalenia naprężeń i naprężeń, a w konsekwencji stałych sprężystych, w jednym układzie współrzędnych do odpowiadających im ilości w innym układzie współrzędnych.

Załóżmy, że i (x,y,z) (X_1,X_2,X_3) oznaczymy odpowiednio współrzędne problemu i współrzędne główne materiału. Jak pokazano na rys. 1.1, można to (X_1,X_2,X_3) uzyskać z tego powodu, że (x,y,z) płaszczyzna *x-y* jest obracana w kierunku przeciwnym do ruchu wskazówek zegara o kąt około *osi* $z\theta$. I odwrotnie, (x,y,z) uzyskuje się ją (X_1,X_2,X_3) obracając płaszczyznę *X1-X2* w kierunku zgodnym z ruchem wskazówek zegara pod kątem θ. Zależność między dwoma układami współrzędnych jest określona przez

$$\begin{Bmatrix} X_1 \\ X_2 \\ X_3 \end{Bmatrix} = \begin{bmatrix} \cos\theta & \sin\theta & 0 \\ -\sin\theta & \cos\theta & 0 \\ 0 & 0 & 1 \end{bmatrix} \begin{Bmatrix} x \\ y \\ z \end{Bmatrix} = \mathbf{A} \begin{Bmatrix} x \\ y \\ z \end{Bmatrix} \tag{1.14}$$

albo odwrotnie,

$$\begin{Bmatrix} x \\ y \\ z \end{Bmatrix} = \begin{bmatrix} \cos\theta & -\sin\theta & 0 \\ \sin\theta & \cos\theta & 0 \\ 0 & 0 & 1 \end{bmatrix} \begin{Bmatrix} X_1 \\ X_2 \\ X_3 \end{Bmatrix} = \mathbf{A}^{\mathrm{T}} \begin{Bmatrix} X_1 \\ X_2 \\ X_3 \end{Bmatrix} \tag{1.15}$$

gdzie $\mathbf{A}^{-1} = \mathbf{A}^{\mathrm{T}}$.

Biorąc pod uwagę relacje transformacji współrzędnych podane przez równania (1.15) i (1.16), możemy zapisać następujące zależności między składowymi naprężeń w dwóch układach współrzędnych.

$$\boldsymbol{\sigma}_{\mathrm{m}} = \mathbf{A}\boldsymbol{\sigma}_{\mathrm{p}}\mathbf{A}^{\mathrm{T}} \tag{1.16}$$

$$\boldsymbol{\sigma}_{\mathrm{p}} = \mathbf{A}^{\mathrm{T}}\boldsymbol{\sigma}_{\mathrm{m}}\mathbf{A} \tag{1.17}$$

gdzie

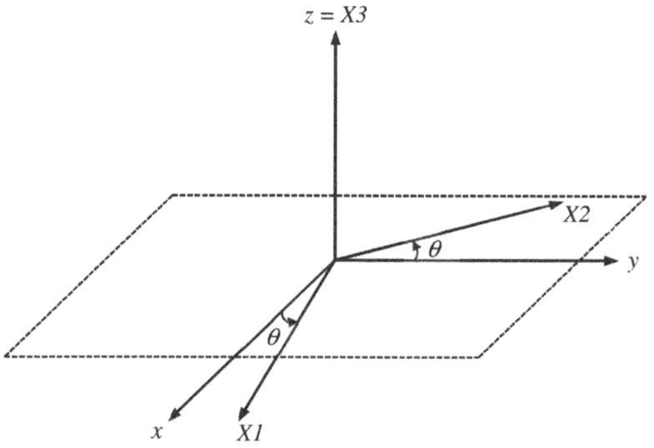

Rys.1.1 Współrzędne problemu i materiału

$$\boldsymbol{\sigma}_{\mathbf{m}} = \begin{pmatrix} \sigma_{11} & \tau_{12} & \tau_{13} \\ \tau_{12} & \sigma_{22} & \tau_{23} \\ \tau_{13} & \tau_{23} & \sigma_{33} \end{pmatrix}, \quad \boldsymbol{\sigma}_{\mathbf{p}} = \begin{pmatrix} \sigma_{xx} & \tau_{xy} & \tau_{xz} \\ \tau_{xy} & \sigma_{yy} & \tau_{yz} \\ \tau_{xz} & \tau_{yz} & \sigma_{zz} \end{pmatrix} \tag{1.18}$$

które są naprężaczami w materiale i współrzędnymi problemu. Przeprowadzając mnożenie macierzy w równaniach (1.16) i (1.17), mamy następujące elementy:

$$\boldsymbol{\sigma}_{\mathbf{m}} = \mathbf{R}\boldsymbol{\sigma}_{\mathbf{p}} \tag{1.19}$$

albo wyraźnie,

$$\begin{Bmatrix} \sigma_1 \\ \sigma_2 \\ \sigma_3 \\ \sigma_4 \\ \sigma_5 \\ \sigma_6 \end{Bmatrix} = \begin{bmatrix} m^2 & n^2 & 0 & 0 & 0 & 2mn \\ n^2 & m^2 & 0 & 0 & 0 & -2mn \\ 0 & 0 & 1 & 0 & 0 & 0 \\ 0 & 0 & 0 & m & -n & 0 \\ 0 & 0 & 0 & n & m & 0 \\ -mn & mn & 0 & 0 & 0 & m^2-n^2 \end{bmatrix} \begin{Bmatrix} \sigma_{xx} \\ \sigma_{yy} \\ \sigma_{zz} \\ \tau_{yz} \\ \tau_{xz} \\ \tau_{xy} \end{Bmatrix} \tag{1.20}$$

Z drugiej strony, mamy

$$\boldsymbol{\sigma}_{\mathbf{p}} = \mathbf{T}\boldsymbol{\sigma}_{\mathbf{m}} \tag{1.21}$$

lub wyraźnie

$$\begin{Bmatrix} \sigma_{xx} \\ \sigma_{yy} \\ \sigma_{zz} \\ \tau_{yz} \\ \tau_{xz} \\ \tau_{xy} \end{Bmatrix} = \begin{bmatrix} m^2 & n^2 & 0 & 0 & 0 & -2mn \\ n^2 & m^2 & 0 & 0 & 0 & 2mn \\ 0 & 0 & 1 & 0 & 0 & 0 \\ 0 & 0 & 0 & m & n & 0 \\ 0 & 0 & 0 & -n & m & 0 \\ mn & -mn & 0 & 0 & 0 & m^2-n^2 \end{bmatrix} \begin{Bmatrix} \sigma_1 \\ \sigma_2 \\ \sigma_3 \\ \sigma_4 \\ \sigma_5 \\ \sigma_6 \end{Bmatrix} \tag{1.22}$$

gdzie i $m = \cos\theta$ $n = \sin\theta$. Zwróć uwagę, że wynik w Równaniu (1.22) można również uzyskać przez zastąpienie go przez θ $-\theta$.

Podobnie, w przypadku składników naprężeń, mamy

$$\boldsymbol{\varepsilon}_{\mathbf{m}} = \mathbf{A}\boldsymbol{\varepsilon}_{\mathbf{p}}\mathbf{A}^{\mathrm{T}} \tag{1.23}$$

$$\boldsymbol{\varepsilon}_{\mathbf{p}} = \mathbf{A}^{\mathrm{T}}\boldsymbol{\varepsilon}_{\mathbf{m}}\mathbf{A} \tag{1.24}$$

gdzie

$$\boldsymbol{\varepsilon}_{\mathbf{m}} = \begin{pmatrix} \varepsilon_{11} & \gamma_{12} & \gamma_{13} \\ \gamma_{12} & \varepsilon_{22} & \gamma_{23} \\ \gamma_{13} & \gamma_{23} & \varepsilon_{33} \end{pmatrix} = \begin{pmatrix} \varepsilon_{11} & 2\varepsilon_{12} & 2\varepsilon_{13} \\ 2\varepsilon_{12} & \varepsilon_{22} & 2\varepsilon_{23} \\ 2\varepsilon_{13} & 2\varepsilon_{23} & \varepsilon_{33} \end{pmatrix},$$

$$\boldsymbol{\varepsilon}_{\mathbf{p}} = \begin{pmatrix} \varepsilon_{xx} & \gamma_{xy} & \gamma_{xz} \\ \gamma_{xy} & \varepsilon_{yy} & \gamma_{yz} \\ \gamma_{xz} & \gamma_{yz} & \varepsilon_{zz} \end{pmatrix} = \begin{pmatrix} \varepsilon_{xx} & 2\varepsilon_{xy} & 2\varepsilon_{xz} \\ 2\varepsilon_{xy} & \varepsilon_{yy} & 2\varepsilon_{yz} \\ 2\varepsilon_{xz} & 2\varepsilon_{yz} & \varepsilon_{zz} \end{pmatrix} \tag{1.25}$$

które są tensorami naprężeń w materiale i współrzędnymi problemu. Mnożniki matrycowe w równaniach (1.23) i (1.24) dają

$$\begin{Bmatrix} \varepsilon_1 \\ \varepsilon_2 \\ \varepsilon_3 \\ \varepsilon_4 \\ \varepsilon_5 \\ \varepsilon_6 \end{Bmatrix} = \begin{bmatrix} m^2 & n^2 & 0 & 0 & 0 & mn \\ n^2 & m^2 & 0 & 0 & 0 & -mn \\ 0 & 0 & 1 & 0 & 0 & 0 \\ 0 & 0 & 0 & m & -n & 0 \\ 0 & 0 & 0 & n & m & 0 \\ -2mn & 2mn & 0 & 0 & 0 & m^2-n^2 \end{bmatrix} \begin{Bmatrix} \varepsilon_{xx} \\ \varepsilon_{yy} \\ \varepsilon_{zz} \\ 2\varepsilon_{yz} \\ 2\varepsilon_{xz} \\ 2\varepsilon_{xy} \end{Bmatrix} \tag{1.26}$$

i

$$\begin{Bmatrix} \varepsilon_{xx} \\ \varepsilon_{yy} \\ \varepsilon_{zz} \\ 2\varepsilon_{yz} \\ 2\varepsilon_{xz} \\ 2\varepsilon_{xy} \end{Bmatrix} = \begin{bmatrix} m^2 & n^2 & 0 & 0 & 0 & -mn \\ n^2 & m^2 & 0 & 0 & 0 & mn \\ 0 & 0 & 1 & 0 & 0 & 0 \\ 0 & 0 & 0 & m & n & 0 \\ 0 & 0 & 0 & -n & m & 0 \\ 2mn & -2mn & 0 & 0 & 0 & m^2-n^2 \end{bmatrix} \begin{Bmatrix} \varepsilon_1 \\ \varepsilon_2 \\ \varepsilon_3 \\ \varepsilon_4 \\ \varepsilon_5 \\ \varepsilon_6 \end{Bmatrix} \tag{1.27}$$

Równania (1.27) i (1.28) można zapisać w formie kompaktowej jako

$$\boldsymbol{\varepsilon}_{\mathbf{m}} = \mathbf{T}^{\mathrm{T}}\boldsymbol{\varepsilon}_{\mathbf{p}}, \quad \boldsymbol{\varepsilon}_{\mathbf{p}} = \mathbf{R}^{\mathrm{T}}\boldsymbol{\varepsilon}_{\mathbf{m}} \tag{1.28}$$

Korzystając z relacji podanych przez równania (1.5), (1.21) i (1.28), możemy napisać co następuje:

$$\boldsymbol{\sigma}_{\mathbf{p}} = \mathbf{T}\boldsymbol{\sigma}_{\mathbf{m}} = \mathbf{T}\mathbf{C}_{\mathbf{m}}\boldsymbol{\varepsilon}_{\mathbf{m}} = \mathbf{T}\mathbf{C}_{\mathbf{m}}\mathbf{T}^{\mathrm{T}}\boldsymbol{\varepsilon}_{\mathbf{p}} \tag{1.29}$$

gdzie znajduje się $\mathbf{C}_{\mathbf{m}} \times 6$-matryca sztywności materiału we współrzędnych materiałowych określonych w równaniu (1.6), a **T** jest matrycą przekształceń podaną w równaniu (1.22). Zgodnie z prawem Hooke'a we współrzędnych problemu, możemy napisać.

$$\boldsymbol{\sigma}_{\mathbf{p}} = \mathbf{C}_{\mathbf{p}}\boldsymbol{\varepsilon}_{\mathbf{p}} \tag{1.30}$$

Tak więc, zakładając i $\mathbf{C}_{\mathbf{p}} = \bar{\mathbf{C}}\ \mathbf{C}_{\mathbf{m}} = \mathbf{C}$, Eqs. (1.29) i (1.30) dają następujące dane:

$$\bar{\mathbf{C}} = \mathbf{T}\mathbf{C}\mathbf{T}^{\mathrm{T}} \tag{1.31}$$

która jest relacją transformacji współczynników materiałowych od współrzędnych materiałowych do współrzędnych problemu i obowiązuje dla ogólnej macierzy konstytutywnej **C**, tj. zarówno ortotropowej, jak i anizotropowej. Zauważ, że matryca **T** opiera się na określonej transformacji zdefiniowanej w Równaniu (1.14), tj. rotacji wokół osi. Wykonując mnożenie macierzy w Równaniu (1.31) dla przypadku anizotropowego otrzymujemy następujące zależności dla elementów przekształconej macierzy sztywności [$\bar{\mathbf{C}}$4]:

$$
\begin{aligned}
\bar{C}_{11} &= C_{11}m^4 - 4C_{16}m^3n + 2(C_{12}+2C_{66})m^2n^2 - 4C_{26}mn^3 + C_{22}n^4,\\
\bar{C}_{12} &= C_{12}m^4 - 2(C_{16}-C_{26})m^3n + (C_{11} + C_{22} - 4C_{66})m^2n^2\\
&\quad +2(C_{26}-C_{16})mn^3 + C_{12}n^4,\\
\bar{C}_{13} &= C_{13}m^2 - 2C_{36}mn + C_{23}n^2,\\
\bar{C}_{14} &= C_{14}m^3 + (C_{15}-2C_{46})m^2n + (C_{24}-2C_{56})mn^2 + C_{25}n^3,\\
\bar{C}_{15} &= C_{15}m^3 - (C_{14}+2C_{56})m^2n + (C_{25}+2C_{46})mn^2 - C_{24}n^3,\\
\bar{C}_{16} &= C_{16}m^4 + (C_{11} - C_{12}-2C_{66})m^3n + 3(C_{26} - C_{16})m^2n^2\\
&\quad +(C_{12}-C_{22} + 2C_{66})mn^3 - C_{26}n^4,\\
\bar{C}_{22} &= C_{22}m^4 + 4C_{26}m^3n + 2(C_{12}+2C_{66})m^2n^2 + 4C_{16}mn^3 + C_{11}n^4,\\
\bar{C}_{23} &= C_{23}m^2 + 2C_{36}mn + C_{13}n^2, \qquad (1.32)\\
\bar{C}_{24} &= C_{24}m^3 + (C_{25}+2C_{46})m^2n + (C_{14}+2C_{56})mn^2 + C_{15}n^3,\\
\bar{C}_{25} &= C_{25}m^3 + (-C_{24}+2C_{56})m^2n + (C_{15}-2C_{46})mn^2 - C_{14}n^3,\\
\bar{C}_{26} &= C_{26}m^4 + (C_{12} - C_{22}+2C_{66})m^3n + 3(C_{16} - C_{26})m^2n^2\\
&\quad +(C_{11}-C_{22} - 2C_{66})mn^3 - C_{16}n^4,\\
\bar{C}_{33} &= C_{33},\\
\bar{C}_{34} &= C_{34}m + C_{35}n,\\
\bar{C}_{35} &= C_{35}m - C_{34}n,\\
\bar{C}_{36} &= (C_{13} - C_{23})mn + C_{36}(m^2 - n^2),\\
\bar{C}_{44} &= C_{44}m^2 + C_{55}n^2 + 2C_{45}mn,\\
\bar{C}_{45} &= C_{45}(m^2 - n^2) + (C_{55} - C_{44})mn,\\
\bar{C}_{46} &= C_{46}m^3 + (C_{56} + C_{14}-C_{24})m^2n + (C_{15}-C_{25} - C_{46})mn^2 - C_{56}n^3,\\
\bar{C}_{55} &= C_{55}m^2 + C_{44}n^2 - 2C_{45}mn,\\
\bar{C}_{56} &= C_{56}m^3 + (C_{15} - C_{25}-C_{46})m^2n + (C_{24}-C_{14} - C_{56})mn^2 + C_{46}n^3,\\
\bar{C}_{66} &= 2(C_{16} - C_{26})m^3n + (C_{11} + C_{22} - 2C_{12}-2C_{66})m^2n^2\\
&\quad +2(C_{26} - C_{16})mn^3 + C_{66}(m^4 + n^4) \qquad (1.32\text{ cont'd})
\end{aligned}
$$

gdzie i $m = \cos\theta$ $n = \sin\theta$.

W przypadku materiałów ortotropowych pozaosiowych i izotropowych poprzecznie, relacja konstytutywna w problemowej współrzędnej może być wyrażona jako

$$\begin{Bmatrix} \sigma_{xx} \\ \sigma_{yy} \\ \sigma_{zz} \\ \tau_{yz} \\ \tau_{xz} \\ \tau_{xy} \end{Bmatrix} = \begin{bmatrix} \bar{C}_{11} & \bar{C}_{12} & \bar{C}_{13} & 0 & 0 & \bar{C}_{16} \\ \bar{C}_{12} & \bar{C}_{22} & \bar{C}_{23} & 0 & 0 & \bar{C}_{26} \\ \bar{C}_{13} & \bar{C}_{23} & \bar{C}_{33} & 0 & 0 & \bar{C}_{36} \\ 0 & 0 & 0 & \bar{C}_{44} & \bar{C}_{45} & 0 \\ 0 & 0 & 0 & \bar{C}_{45} & \bar{C}_{55} & 0 \\ \bar{C}_{16} & \bar{C}_{26} & \bar{C}_{36} & 0 & 0 & \bar{C}_{66} \end{bmatrix} \begin{Bmatrix} \varepsilon_{xx} \\ \varepsilon_{yy} \\ \varepsilon_{zz} \\ \gamma_{yz} \\ \gamma_{xz} \\ \gamma_{xy} \end{Bmatrix} \tag{1.33}$$

gdzie macierz $\bar{C}_{ij}$jest przekształconymi współczynnikami sprężystości we współrzędnych problemu, które są związane ze współczynnikami sprężystości C_{ij} we współrzędnych materiałowych. Należy zauważyć, że liczba elementów niezerowych w matrycach sztywności materiału dla materiałów ortotropowych pozaosiowych, izotropowych poprzecznie pozaosiowych i monoklinicznych na osi jest równoważna.

Rozdział 2

ZMIENNE TERENOWE DLA ANIZOTROPOWYCH MEDIÓW NIESKOŃCZONYCH

W tej części uzyskamy wyrażenia składników przemieszczenia i naprężeń dla anizotropowej nieskończonej warstwy sprężystej o skończonej wysokości. Jako przypadek szczególny, będziemy również wyrażać przesunięcia i naprężenia dla półpłaszczyzny anizotropowej. W oparciu o równania sprężystości podane w poprzednim rozdziale, wyrażenia przemieszczenia i naprężeń dla mediów z anizotropią materiałową monokliniczną, ortotropową i poprzecznie izotropową uzyskuje się metodą transformacji integralnej.

2.1 Ogólne założenia i definicje

W kontekście tej książki przyjrzymy się elastostatycznym problemom związanym z jednokierunkowymi materiałami anizotropowymi wzmocnionymi włóknami. Rys. 2.1 przedstawia układ współrzędnych ogólnej jednokierunkowej warstwy anizotropowej wzmocnionej włóknami. Kąt włókien θ jest mierzony od *osi* x, gdy płaszczyzna x-y jest obracana w kierunku przeciwnym do ruchu wskazówek zegara wokół *osi* z. Przyjmuje się, że podłoże anizotropowe jest poddawane arbitralnym rozkładom trakcji powierzchniowych, które nie zmieniają się wzdłuż *osi* y. Tak, wszystkie zmienne pola są funkcjami x i z, tylko. Ze względu na obecność pozaosiowych orientacji włókien, przypadek uogólnionego odkształcenia płaskiego zakłada się w odróżnieniu od przypadku czystego odkształcenia płaskiego w następujący sposób [1]:

$$u = u(x,z), \quad v = v(x,z), \quad w = w(x,z) \tag{2.1}$$

gdzie *u, v* i *w* są składowymi przemieszczenia odpowiednio w *kierunkach x-* , *y-* i *z*. Należy zauważyć, że uogólnione przypadki odkształcenia płaskiego i czystego odkształcenia płaskiego są równoważne dla materiałów izotropowych i ortotropowych na osi.

2.2 Metoda rozpuszczania roztworu

2.2.1 Rozwiązania dla warstwy monoklinicznej

Pozwalając $X_1 = x$, $X_2 = y$, $X_3 = z$, , $u_1 = u\, u_2 = v$, , i $u_3 = w$ w równaniach (1.2), a także biorąc pod uwagę uogólnione założenie o odkształceniu płaskim zdefiniowane w równaniach (2.1), mamy następujące założenia dla składników odkształcenia:

$$\varepsilon_{xx} = \frac{\partial u}{\partial x}, \quad \varepsilon_{yy} = 0, \quad \varepsilon_{zz} = \frac{\partial w}{\partial z}, \quad \gamma_{xy} = 2\varepsilon_{xy} = \frac{\partial v}{\partial x},$$
$$\gamma_{xz} = 2\varepsilon_{xz} = \frac{\partial u}{\partial z} + \frac{\partial w}{\partial x}, \quad \gamma_{yz} = 2\varepsilon_{yz} = \frac{\partial v}{\partial z} \tag{2.2}$$

Używającqs. (2.2) z (2.1), możemy przepisać Eq. (1.33) dla monoklinicznej substancji stałej, takiej jak

$$\begin{Bmatrix} \sigma_{xx} \\ \sigma_{yy} \\ \sigma_{zz} \\ \tau_{yz} \\ \tau_{xz} \\ \tau_{xy} \end{Bmatrix} = \begin{bmatrix} \bar{C}_{11} & \bar{C}_{12} & \bar{C}_{13} & 0 & 0 & \bar{C}_{16} \\ \bar{C}_{12} & \bar{C}_{22} & \bar{C}_{23} & 0 & 0 & \bar{C}_{26} \\ \bar{C}_{13} & \bar{C}_{23} & \bar{C}_{33} & 0 & 0 & \bar{C}_{36} \\ 0 & 0 & 0 & \bar{C}_{44} & \bar{C}_{45} & 0 \\ 0 & 0 & 0 & \bar{C}_{45} & \bar{C}_{55} & 0 \\ \bar{C}_{16} & \bar{C}_{26} & \bar{C}_{36} & 0 & 0 & \bar{C}_{66} \end{bmatrix} \begin{Bmatrix} \partial u / \partial x \\ 0 \\ \partial w / \partial z \\ \partial v / \partial z \\ (\partial u / \partial z) + (\partial w / \partial x) \\ \partial v / \partial x \end{Bmatrix} \tag{2.3}$$

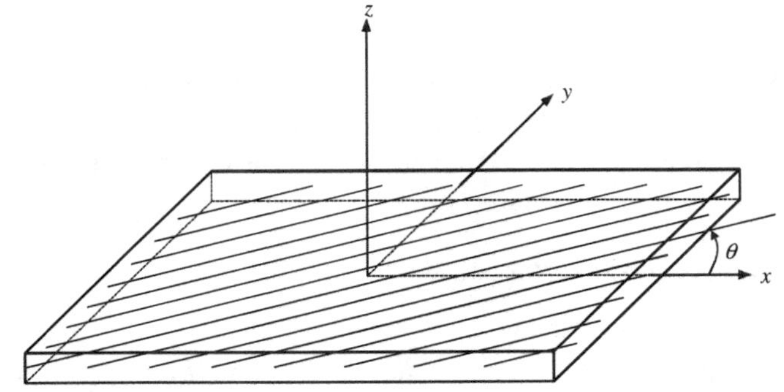

Rys. 2.1 Ogólna jednokierunkowa, wzmocniona włóknami warstwa anizotropowa

co daje wyraźnie

$$
\begin{aligned}
\sigma_{xx} &= \bar{C}_{11}\frac{\partial u}{\partial x} + \bar{C}_{13}\frac{\partial w}{\partial z} + \bar{C}_{16}\frac{\partial v}{\partial x},\\
\sigma_{yy} &= \bar{C}_{12}\frac{\partial u}{\partial x} + \bar{C}_{23}\frac{\partial w}{\partial z} + \bar{C}_{26}\frac{\partial v}{\partial x},\\
\sigma_{zz} &= \bar{C}_{13}\frac{\partial u}{\partial x} + \bar{C}_{33}\frac{\partial w}{\partial z} + \bar{C}_{36}\frac{\partial v}{\partial x},\\
\tau_{yz} &= \bar{C}_{44}\frac{\partial v}{\partial z} + \bar{C}_{45}\left(\frac{\partial u}{\partial z} + \frac{\partial w}{\partial x}\right),\\
\tau_{xz} &= \bar{C}_{45}\frac{\partial v}{\partial z} + \bar{C}_{55}\left(\frac{\partial u}{\partial z} + \frac{\partial w}{\partial x}\right),\\
\tau_{xy} &= \bar{C}_{16}\frac{\partial u}{\partial x} + \bar{C}_{36}\frac{\partial w}{\partial z} + \bar{C}_{66}\frac{\partial v}{\partial x}
\end{aligned}
\tag{2.4}
$$

gdzie są stałe sztywności sprężystej w układzie współrzędnych x-y-z i są funkcjami kąta włókien θ i stałych sztywności C_{ij} warstwy w kierunkach równoległych i prostopadłych do włókien. Należy zwrócić uwagę, że równania (2.3) i (2.4) obowiązują również dla materiałów ortotropowych poza osią i poprzecznie izotropowych poza osią.

Zakładając brak sił ciała i efektów dynamicznych przyłożonych do ośrodka, podstawienie równań (2.4) do równań (1.4) daje równania równowagi w kategoriach składników przemieszczenia dla przypadku materiału monoklinicznego, jak poniżej:

$$\bar{C}_{11}\frac{\partial^2 u}{\partial x^2}+\bar{C}_{55}\frac{\partial^2 u}{\partial z^2}+\bar{C}_{16}\frac{\partial^2 v}{\partial x^2}+\bar{C}_{45}\frac{\partial^2 v}{\partial z^2}+(\bar{C}_{13}+\bar{C}_{55})\frac{\partial^2 w}{\partial x\partial z}=0,$$
$$\bar{C}_{16}\frac{\partial^2 u}{\partial x^2}+\bar{C}_{45}\frac{\partial^2 u}{\partial z^2}+\bar{C}_{66}\frac{\partial^2 v}{\partial x^2}+\bar{C}_{44}\frac{\partial^2 v}{\partial z^2}+(\bar{C}_{36}+\bar{C}_{45})\frac{\partial^2 w}{\partial x\partial z}=0,$$
$$(\bar{C}_{13}+\bar{C}_{55})\frac{\partial^2 u}{\partial x\partial z}+(\bar{C}_{36}+\bar{C}_{45})\frac{\partial^2 v}{\partial x\partial z}+\bar{C}_{55}\frac{\partial^2 w}{\partial x^2}+\bar{C}_{33}\frac{\partial^2 w}{\partial z^2}=0 \qquad (2.5)$$

które stanowią zestaw sprzężonych równań różniczkowych cząstkowych. Aby rozwiązać równania (2.5) dla wyrażeń wypornościowych, wykorzystamy integralną transformację Fouriera. Jak wiadomo, przednie i wsteczne transformaty Fouriera dla danej funkcji $f(x)$ można zdefiniować odpowiednio w następujący sposób [5]:

$$F(s)=\int_{-\infty}^{\infty} f(x)e^{isx}dx, \quad f(x)=\frac{1}{2\pi}\int_{-\infty}^{\infty} F(s)e^{-isx}ds \qquad (2.6)$$

Tutaj s reprezentuje zmienną transformacyjną, a $i=\sqrt{-1}$.
Zastosuj transformację Fouriera do równań (2.5) termin po terminie i rozważ następujące właściwości transformacji Fouriera [5]:

$$\int_{-\infty}^{\infty} f^{(n)}(x)e^{isx}dx=-(is)^n F(s) \qquad (2.7)$$

Tak więc mamy następujące równanie macierzowe:

$$\mathbf{M}_1\bar{\mathbf{r}}''+\mathbf{M}_2\bar{\mathbf{r}}'+\mathbf{M}_3\bar{\mathbf{r}}=\mathbf{0} \qquad (2.8)$$

gdzie liczba pierwsza oznacza pochodną w odniesieniu do z. $\bar{\mathbf{r}}=\{U(s,z),V(s,z),W(s,z)\}^{\mathrm{T}}$ jest wektorem przemieszczenia w dziedzinie transformacji i $\mathbf{M}_{\mathrm{j}}$ $(j=1,2,3)$ jest definiowana jako

$$\mathbf{M}_1=\begin{bmatrix}\bar{C}_{55} & \bar{C}_{45} & 0\\ \bar{C}_{45} & \bar{C}_{44} & 0\\ 0 & 0 & \bar{C}_{33}\end{bmatrix},$$

$$\mathbf{M}_2=\begin{bmatrix}0 & 0 & -is(\bar{C}_{13}+\bar{C}_{55})\\ 0 & 0 & -is(\bar{C}_{36}+\bar{C}_{45})\\ -is(\bar{C}_{13}+\bar{C}_{55}) & -is(\bar{C}_{36}+\bar{C}_{45}) & 0\end{bmatrix},$$

$$\mathbf{M}_3 = \begin{bmatrix} -s^2\overline{C}_{11} & -s^2\overline{C}_{16} & 0 \\ -s^2\overline{C}_{16} & -s^2\overline{C}_{66} & 0 \\ 0 & 0 & -s^2\overline{C}_{55} \end{bmatrix} \tag{2.9}$$

Rozwiązania równania (2.8) można uzyskać w następujący sposób: $U(s,z) = U_0 e^{\lambda sz}$

$$U(s,z) = \sum_{j=1}^{3} (A_j e^{\lambda_j sz} + B_j e^{-\lambda_j sz}),$$

$$V(s,z) = \sum_{j=1}^{3} L_j (A_j e^{\lambda_j sz} + B_j e^{-\lambda_j sz}),$$

$$W(s,z) = \sum_{j=1}^{3} iR_j (A_j e^{\lambda_j sz} - B_j e^{-\lambda_j sz}) \tag{2.10}$$

gdzie A_j i jakie są nieznane stałe, które należy wyznaczyć na podstawie warunków brzegowych określonego problemu. są korzeniami następującego równania charakterystycznego:

$$\det \mathbf{M} = 0 \tag{2.11}$$

gdzie znajduje się $3\,\mathbf{M} \times 3$ symetryczna matryca, dla której

$$M_{11} = \overline{C}_{55}\lambda_j^2 - \overline{C}_{11}, \quad M_{12} = \overline{C}_{45}\lambda_j^2 - \overline{C}_{16},$$

$$M_{13} = -i(\overline{C}_{13} + \overline{C}_{55})\lambda_j, \quad M_{22} = \overline{C}_{44}\lambda_j^2 - \overline{C}_{66},$$

$$M_{23} = -i(\overline{C}_{36} + \overline{C}_{45})\lambda_j, \quad M_{33} = \overline{C}_{33}\lambda_j^2 - \overline{C}_{55} \tag{2.12}$$

Stałe i L_j R_j definiuje się je jako

$$L_j = \frac{M_{12}M_{13} - M_{11}M_{23}}{M_{12}M_{23} - M_{13}M_{22}}, \quad R_j = \frac{i(M_{12}^2 - M_{11}M_{22})}{M_{12}M_{23} - M_{13}M_{22}} \tag{2.13}$$

Zauważ, że korzenie kwadratowe λ_j^2 $(j = 1,2,3)$ Równania (2.11) są pozytywne, realne i wyraźne.

Stosując terminową transformację Fouriera do równań (2.4) i zastępując równania (2.10) w wynikowe wyrażenia stresowe, otrzymujemy

$$S_m(s,z)=\sum_{j=1}^{3} is(\bar{C}_{m3}\lambda_j R_j-\bar{C}_{1m}-\bar{C}_{m6}L_j)(A_j e^{\lambda_j sz}+B_j e^{-\lambda_j sz}),\ (m=1,2,3,6)$$

(2.14a)

$$S_m(s,z)=\sum_{j=1}^{3} s\left[(\bar{C}_{4m}\lambda_j L_j+\bar{C}_{m5}(R_j+\lambda_j)\right](A_j e^{\lambda_j sz}-B_j e^{-\lambda_j sz}),\ (m=4,5)$$

(2.14b)

gdzie S_m oznacza przekształcone składniki naprężeń $S_{xx}(s,z)$ $S_{yy}(s,z)$, , , $S_{zz}(s,z)$, $S_{yz}(s,z)$ i $S_{xz}(s,z)$ $S_{xy}(s,z)$, odpowiednio.

2.2.2 Rozwiązania dla półpłaszczyzny monoklinicznej

Jak wiadomo, wszystkie składniki przemieszczenia i naprężeń w bryle stałej zmniejszają się, gdy $z\to-\infty$. Aby spełnić ten warunek, stałe B_j $(j=1,2,3)$ w równaniach (2.10) i (2.14) muszą być zerowe. Tak więc, jak na półpłaszczyznę monokliniczną, mamy

$$U(s,z)=\sum_{j=1}^{3} C_j e^{\lambda_j |s| z},$$

$$V(s,z)=\sum_{j=1}^{3} L_j C_j e^{\lambda_j |s| z},$$

$$W(s,z)=\sum_{j=1}^{3} i\,\mathrm{sgn}(s) R_j C_j e^{\lambda_j |s| z} \qquad (2.15)$$

na przesiedlenia, oraz

$$S_m(s,z)=\sum_{j=1}^{3} is(\bar{C}_{m3}\lambda_j R_j-\bar{C}_{1m}-\bar{C}_{m6}L_j)C_j e^{\lambda_j sz},\ (m=1,2,3,6),$$

$$S_m(s,z)=\sum_{j=1}^{3} s\left[(\bar{C}_{4m}\lambda_j L_j+\bar{C}_{m5}(R_j+\lambda_j)\right]C_j e^{\lambda_j sz},\ (m=4,5) \qquad (2.16)$$

na stres. Tutaj, $\mathrm{sgn}(s)$ oznacza funkcję znaku.

2.2.3 Rozwiązania dla warstwy ortotropowej

W przypadku warstwy ortotropowej na osi, tj. stałych sztywności sprężystej, takich jak $\theta = 0$ z $\bar{C}_{ij} = C_{ij}$ i $\bar{C}_{m6} = 0\,(m = 1, 2, 3)$ $\bar{C}_{45} = 0$. W rezultacie, przesunięcie v w równaniach równowagi jest oddzielone od pozostałych składników u i w. W konsekwencji, równania (2.10) i (2.14) nie są już ważne.

Podążając podobną drogą w przypadku materiału monoklinicznego, wyrażenia dla przekształconych przemieszczeń można uzyskać jako

$$\begin{aligned} U(s,z) &= \sum_{j=1}^{3}(A_j e^{\lambda_j sz} + B_j e^{-\lambda_j sz}), \\ V(s,z) &= A_3 e^{\lambda_3 sz} + B_3 e^{-\lambda_3 sz}, \\ W(s,z) &= \sum_{j=1}^{3} iR_j(A_j e^{\lambda_j sz} - B_j e^{-\lambda_j sz}) \end{aligned} \tag{2.17}$$

gdzie $\lambda_3 = \sqrt{\bar{C}_{66} / \bar{C}_{44}}$, i są prawdziwymi, pozytywnymi i wyraźnymi korzeniami

$$\bar{C}_{33}\bar{C}_{55}\lambda_j^4 + [(\bar{C}_{13} + \bar{C}_{55})^2 - \bar{C}_{11}\bar{C}_{33} - \bar{C}_{55}^2]\lambda_j^2 + \bar{C}_{11}\bar{C}_{55} = 0 \tag{2.18}$$

Stałe $R_j\ (j = 1, 2)$ definiuje się jako

$$R_j = \frac{\bar{C}_{11} - \bar{C}_{55}\lambda_j^2}{(\bar{C}_{13} + \bar{C}_{55})\lambda_j} \tag{2.19}$$

Przekształcone wyrażenia naprężeń otrzymujemy jako

$$\begin{aligned} S_m(s,z) &= \sum_{j=1}^{2} is(\bar{C}_{m3}\lambda_j R_j - \bar{C}_{1m})(A_j e^{\lambda_j sz} + B_j e^{-\lambda_j sz}), (m = 1, 2, 3), \\ S_{yz}(s,z) &= s\bar{C}_{44}\lambda_3(A_3 e^{\lambda_3 sz} - B_3 e^{-\lambda_3 sz}), \\ S_{xz}(s,z) &= \sum_{j=1}^{2} s\bar{C}_{55}(R_j + \lambda_j)(A_j e^{\lambda_j sz} - B_j e^{-\lambda_j sz}), \\ S_{xy}(s,z) &= -is\bar{C}_{66}(A_3 e^{\lambda_3 sz} + B_3 e^{-\lambda_3 sz}) \end{aligned} \tag{2.20}$$

gdzie oznacza S_m $S_{xx}(s,z)$, $S_{yy}(s,z)$ i , i $S_{zz}(s,z)$, odpowiednio.

2.2.4 Rozwiązania dla ortotropowej półpłaszczyzny

Dla półpłaszczyzny ortotropowej otrzymujemy następujące informacje:

$$U(s,z)=\sum_{j=1}^{2}C_j e^{\lambda_j|s|z},$$

$$V(s,z)=C_3 e^{\lambda_3|s|z},$$

$$W(s,z)=\sum_{j=1}^{2}i\,\mathrm{sgn}(s)R_j C_j e^{\lambda_j|s|z} \tag{2.21}$$

$$S_m(s,z)=\sum_{j=1}^{2}is(\bar{C}_{m3}\lambda_j R_j-\bar{C}_{1m})C_j e^{\lambda_j|s|z},\ (m=1,2,3),$$

$$S_{yz}(s,z)=|s|\bar{C}_{44}\lambda_3 C_3 e^{\lambda_3|s|z},$$

$$S_{xz}(s,z)=\sum_{j=1}^{2}|s|\bar{C}_{55}(R_j+\lambda_j)C_j e^{\lambda_j|s|z},$$

$$S_{xy}(s,z)=-is\bar{C}_{66}C_3 e^{\lambda_3|s|z} \tag{2.22}$$

2.2.5 Rozwiązania dla warstwy poprzecznie izotropowej

Ponieważ materiały izotropowe poprzecznie są specjalnymi materiałami ortotropowymi, wyrażenia podane w Równaniach (2.17) - (2.22) nadal obowiązują w przypadku izotropii poprzecznej opisanej w Rozdziale 1. Teraz krótko wspomniemy o jednokierunkowych materiałach wzmocnionych włóknami. Dla tego typu materiałów płaszczyzny symetrii materiałowej są równoległe i poprzeczne do włókien (patrz rys. 2.1), co jest kolejnym przykładem izotropii poprzecznej. Dla $0\leq\theta<90$, wyrażenia podane wcześniej dla materiałów ortotropowych są ważne. Kiedy jednak $\theta=90$, tj. włókna są wzdłuż *kierunku y*, relacje między współczynnikami sprężystości stają się , $\bar{C}_{12}=\bar{C}_{23}$, $\bar{C}_{44}=\bar{C}_{66}$ i $\bar{C}_{55}=(\bar{C}_{11}-\bar{C}_{13})/2$. W tym przypadku korzenie kwadratowe Równania (2,18) są powtarzane i równe jedności. Dlatego też rozwiązania podane w równaniach (2.17) są nieważne. Dla tego szczególnego przypadku otrzymujemy przesunięcia w dziedzinie transformacji jako

$$U(s,z)=(A_1+A_2 z)e^{sz}+(B_1+B_2 z)e^{-sz},$$

$$V(s,z)=A_3 e^{sz}+B_3 e^{-sz}, \tag{2.23}$$

$$W(s,z)=(i/s)\{[sA_1+(sz+R)A_2]e^{sz}+[-sB_1+(-sz+R)B_2]e^{-sz}\}$$

(2.23 cont'd)

W związku z tym, wyrażenia stresowe są następujące

$$\begin{aligned}
S_{xx}(s,z)&=i\{[-2\bar{C}_{55}sA_1+[\bar{C}_{13}(1+R)-2\bar{C}_{55}sz]A_2]e^{sz}\\
&\quad-[2\bar{C}_{55}sB_1+[\bar{C}_{13}(1+R)+2\bar{C}_{55}sz]B_2]e^{-sz}\},\\
S_{yy}(s,z)&=i\bar{C}_{12}(1+R)(A_2e^{sz}-B_2e^{-sz}),\\
S_{zz}(s,z)&=i\{[2\bar{C}_{55}sA_1+[\bar{C}_{11}(1+R)+2\bar{C}_{55}sz]A_2]e^{sz}\\
&\quad+[2\bar{C}_{55}sB_1+[-\bar{C}_{11}(1+R)+2\bar{C}_{55}sz]B_2]e^{-sz}\},\\
S_{yz}(s,z)&=s\bar{C}_{44}(A_3e^{sz}-B_3e^{-sz}),\\
S_{xz}(s,z)&=\bar{C}_{55}\{[2sA_1+(1+R+2sz)A_2]e^{sz}\\
&\quad+[2sB_1+(1+R-2sz)B_2]e^{-sz}\},\\
S_{xy}(s,z)&=-is\bar{C}_{44}(A_3e^{sz}+B_3e^{-sz})
\end{aligned} \tag{2.24}$$

gdzie

$$R=-\frac{3\bar{C}_{11}-\bar{C}_{13}}{\bar{C}_{11}+\bar{C}_{13}} \tag{2.25}$$

2.2.6 Rozwiązania dla półpłaszczyzny poprzecznie izotropowej

Dla poprzecznie izotropowej półpłaszczyzny $z\theta = 90$, mamy następujące elementy:

$$U(s,z) = (C_1 + C_2 z)e^{|s|z},$$
$$V(s,z) = C_3 e^{|s|z},$$
$$W(s,z) = i\,\mathrm{sgn}(s)\left[C_1 + \left(z + \frac{R}{|s|}\right)C_2\right]e^{|s|z} \qquad (2.26)$$

$$S_{xx}(s,z) = i\{-2\overline{C}_{55} s C_1 + [\overline{C}_{13}\,\mathrm{sgn}(s)(1+R) - 2\overline{C}_{55} sz]C_2\}e^{|s|z},$$
$$S_{yy}(s,z) = i\,\mathrm{sgn}(s)\overline{C}_{12}(1+R)C_2 e^{|s|z},$$
$$S_{zz}(s,z) = i\{2\overline{C}_{55} s C_1 + [\overline{C}_{11}\,\mathrm{sgn}(s)(1+R) + 2\overline{C}_{55} sz]C_2\}e^{|s|z},$$
$$S_{yz}(s,z) = |s|\overline{C}_{44} C_3 e^{|s|z},$$
$$S_{xz}(s,z) = \overline{C}_{55}\{2|s|C_1 + [1 + R + 2|s|z]C_2\}e^{|s|z},$$
$$S_{xy}(s,z) = -is\overline{C}_{44} C_3 e^{|s|z} \qquad (2.27)$$

Rozdział 3

ZASTOSOWANIE TEORII

W niniejszym rozdziale, z wykorzystaniem metodologii opisanej w poprzednim rozdziale, przedstawiono rozwiązania niektórych klas problemów z kontaktem płaszczyznowym dla mediów anizotropowych. Wszystkie wyniki, które zostaną tutaj podane, zostały odtworzone z wcześniej opublikowanych prac autora za zgodą autora (patrz odnośniki [6-8]).

3.1 Częściowe zamknięcie pęknięcia w warstwie elastycznej warstwy anizotropowej

W wielu sytuacjach pęknięcie może wystąpić zjawisko kontaktu w wyniku szczególnych warunków obciążenia, np. pęknięta warstwa elastyczna w trakcie zginania. W tym przypadku pewna część powierzchni pęknięcia jest zamykana na pewnej nieznanej odległości, a związany z tym problem pęknięcia to tzw. kontakt pęknięcia lub problem częściowego zamknięcia. Problemy te przyciągnęły wiele uwagi ze względu na duże wykorzystanie ich wyników w zastosowaniu mechaniki złamań (zob. ref. [9-17]).

Rosnące wykorzystanie kompozytów wzmacnianych włóknami w wielu zastosowaniach inżynieryjnych spowodowało konieczność przeprowadzenia szerszej analizy pęknięć materiałów anizotropowych. To, co sprawia, że kompozyty wzmacniane włóknami są tak ważne, że podczas produkcji mogą być wzmacniane w określonych kierunkach, co zwiększa ich odporność strukturalną na niestabilne rozprzestrzenianie się pęknięć. W ten sposób doprowadziło to do rozwiązania wielu problemów dotyczących różnych geometrii kompozytów.

3.1.1 Definicja problemu i pojedyncze równanie całościowe

Rozważmy liniową elastyczną warstwę nieskończoną o grubości 2h z różnymi orientacjami włókien w płaszczyźnie x-y. Wzdłuż płaszczyzny środkowej warstwy znajduje się pęknięcie o długości 2c. Pęknięcie jest poddawane naprężeniom naprężającym wzdłuż jego powierzchni. Przyjmuje się, że wszystkie powierzchnie są beztarciowe, a efekt grawitacji jest pomijany. Jeżeli przyłożone obciążenie ściskające P jest mniejsze niż wartość krytyczna Pcr, która powoduje początkowy kontakt powierzchni pęknięcia, nie następuje zamknięcie powierzchni pęknięcia. Jeżeli jednak obciążenie P jest równe lub większe od tej wartości krytycznej, następuje częściowe zamknięcie w środku powierzchni pęknięcia wzdłuż $-a < x < a$ (patrz rys. 3.1). Warunki brzegowe problemu można zapisać jako:

$$\sigma_{zz}(x,h) = -P\,\delta(x), \quad -\infty < x < \infty \tag{3.1a}$$

$$\tau_{yz}(x,h) = 0, \quad -\infty < x < \infty \tag{3.1b}$$

$$\tau_{xz}(x,h) = 0, \quad -\infty < x < \infty \tag{3.1c}$$

$$\tau_{yz}(x,0) = 0, \quad -\infty < x < \infty \tag{3.1d}$$

$$\tau_{xz}(x,0) = 0, \quad -\infty < x < \infty \tag{3.1e}$$

$$w(x,0) = 0, \quad -\infty < |x| < a \text{ and } c < |x| < \infty \tag{3.1f}$$

$$\sigma_{zz}(x,0) = p_0, \quad a < |x| < c \tag{3.1g}$$

gdzie $\delta(x)$ jest funkcja delty Dirac. Warunek (3.1f) wraz z (3.1g) daje mieszany warunek brzegowy. Wprowadzamy nieznaną funkcję definiowaną przez pochodną *składnika z* wektora przemieszczenia, taką jak

$$f(x) = \frac{\partial}{\partial x}[w(x,0)], \quad 0 \le |x| < \infty \tag{3.2}$$

Teraz równanie (3.1f) może zostać zastąpione przez

$$f(x) = 0, \quad -\infty < |x| < a \text{ and } c < |x| < \infty \tag{3.3}$$

Ponadto, warunek dotyczący wartości pojedynczej może być zapisany jako

$$\int_a^c f(x)dx = 0 \tag{3.4}$$

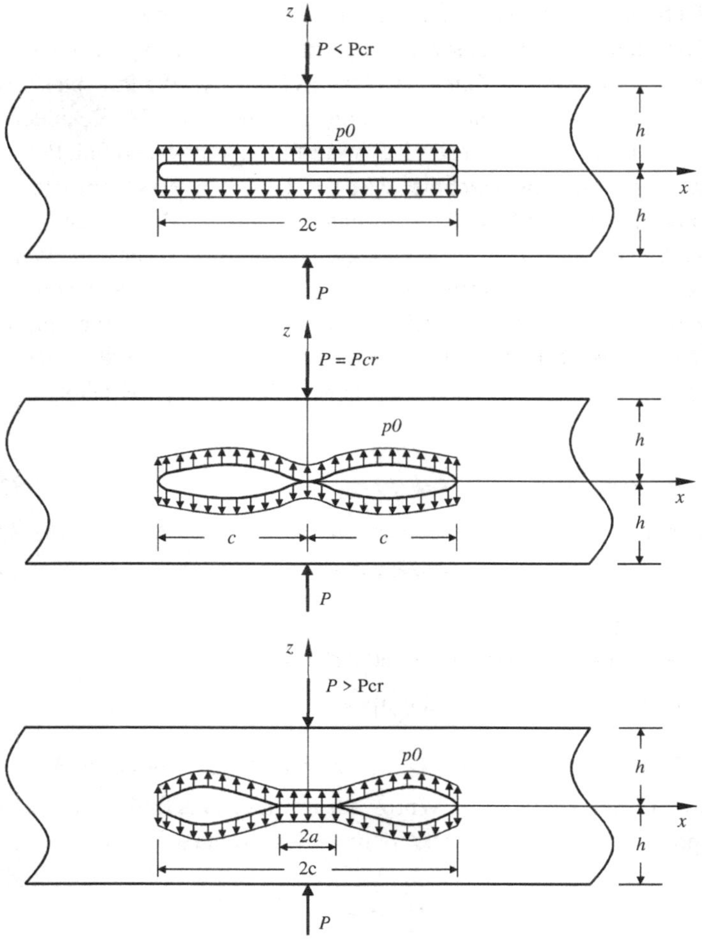

Rys. 3.1 Częściowe zamknięcie pęknięcia: a) brak zamknięcia b) wstępne zamknięcie c) częściowe zamknięcie

Aby określić nieznane współczynniki stałe i A_j B_j pojawiające się w wyrażeniach przemieszczenia i naprężeń, należy zastosować transformację

Fouriera do warunków brzegowych (3.1a-e) i (3.3) dla każdego przypadku anizotropii materiału podanego w Rozdziale 2. Wynikający z tego układ równań równoległych daje rozwiązania dla nieznanych współczynników w dziedzinie transformacji. Zastąpienie tych współczynników przez (3,1 g) daje równanie zintegrowane w kategoriach nieznanej funkcji $f(t)$. Integralna posiada rozbieżne jądro, które jest rozkładane na pojedyncze i regularne części typu Cauchy-za pomocą asymptotycznego zachowania się jądra. Oceniając pojedynczą część typu Cauchy'ego w formie zamkniętej, $f(t)$ można uzyskać następujące jednostkowe równanie całkowite dla nieznanej funkcji:

$$\frac{1}{\pi}\int_a^c \left[\frac{1}{t-x}+\frac{1}{t+x}+K_1(x,t)\right] f(t)\,dt=\frac{\Delta_1}{\Delta_2}\left[-p_0+\frac{P}{\pi}K_2(x)\right] \qquad (3.5)$$

gdzie $a < x < c$, oraz

$$K_1(x,t) = -\int_0^\infty k_{11}(x,t)\left[\sin s(t-x)+\sin s(t+x)\right]ds,$$

$$K_2(x) = \int_0^\infty k_{22}(x)\cos sx\,ds \qquad (3.6)$$

gdzie Δ_1, Δ_2, $k_{11}(x,t)$ i są podane w dodatku A odpowiednio dla każdego przypadku anizotropii materiałowej. Jądro $K_1(x,t)$ jest ograniczone w zamkniętym przedziale czasowym $a \le (x,t) \le c$. Równanie całkowania musi być rozwiązane w warunkach jednoczynnikowej wartości podanej w równaniu (3.4). Całki jądra znikają, gdy $s \to \infty$, i są one ograniczone dla wszystkich wartości s, z wyjątkiem $s = 0$. Korzystając z asymptotycznego zachowania się całek jądra wokół $s = 0$, oraz warunku pojedynczej wartości (3.4), pojedynczość spowodowana $1/s$ anulowaniem we wszystkich całkach, a tym samym całki podane przez równania (3.6) mogą być oceniane numerycznie [18].

3.1.2 Rozwiązanie pojedynczego równania całkowitego

Ze względu na płynny kontakt w punkcie końcowym a obszaru kontaktu, funkcja $f(t)$ jest zerowa. W ten sposób indeks całki pojedynczej staje się zerem [19]. W przypadku rozwiązań numerycznych wprowadza się następujące wielkości bezwymiarowe:

$$x=\frac{c-a}{2}\xi+\frac{c+a}{2},\quad t=\frac{c-a}{2}\eta+\frac{c+a}{2} \qquad ,(3.7)$$

$$\varphi(s)=\frac{\bar{C}_{66}}{p_0}f(t),\ Q=\frac{P}{p_0 c},\ \alpha=\frac{a}{c},\ d=\frac{h}{c},\ \omega=sc \qquad (3.7\text{ cont'd})$$

gdzie Q jest współczynnikiem obciążenia. Zastępując skróty w równaniach (3.7) pojedynczym równaniem całkowitym (3.5) i stanem wartości pojedynczej (3.4), można uzyskać następujące dane:

$$\frac{1}{\pi}\int_{-1}^{1}\left[\frac{1}{\eta-\xi}+\frac{1}{\eta+\xi+2\left(\frac{1+\alpha}{1-\alpha}\right)}+\left(\frac{1-\alpha}{2}\right)K_1(\xi,\eta)\right]\varphi(\eta)\,d\eta$$
$$=\frac{\bar{\Delta}_1}{\bar{\Delta}_2}\left(-1+\frac{Q}{\pi}K_2(\xi)\right) \qquad (3.8a)$$

$$\int_{-1}^{1}\varphi(\eta)\,d\eta=0 \qquad (3.8b)$$

gdzie $-1<\xi,\eta<1$, $\bar{\Delta}_1=\Delta_1/\bar{C}_{66}^2$ i $\bar{\Delta}_2=\Delta_2/\bar{C}_{66}^3$.

Aby zapewnić zamknięcie w punkcie końcowym powierzchni pęknięcia, $\varphi(-1)$ znika. Ponieważ indeks równania całkowego wynosi zero, rozwiązanie będzie w następującej formie [20, 21].

$$\varphi(\eta)=\psi(\eta)\frac{\sqrt{1+\eta}}{\sqrt{1-\eta}},\quad -1<\eta<1 \qquad (3.9)$$

gdzie nieznana funkcja $\psi(\eta)$ jest ograniczona w $-1\leq\eta\leq 1$. Stosując odpowiednią formułę integracji Gaussa i Chebyszewa podaną przez [19], równania (3.8) mogą być zastąpione przez

$$\sum_{i=1}^{N}W_i\psi(\eta_i)\left[\frac{1}{\eta_i-\xi_j}+\frac{1}{\eta_i+\xi_j+2\left(\frac{1+\alpha}{1-\alpha}\right)}+\left(\frac{1-\alpha}{2}\right)K_1(\xi_j,\eta_i)\right]$$

$$= \frac{\bar{\Delta}_1}{\bar{\Delta}_2}\left(-1+\frac{Q}{\pi}K_2(\xi_j)\right), \quad (j=1,...,N) \qquad (3.10a)$$

$$\sum_{i=1}^{N} W_i \psi(\eta_i) = 0 \qquad (3.10b)$$

gdzie

$$\xi_j = \cos\left(\frac{2j}{2N+1}\pi\right), \quad \eta_i = \cos\left(\frac{2i-1}{2N+1}\pi\right),$$

$$W_i = \frac{2(1+\eta_i)}{2N+1}, \quad (i=j=1,2,...,N) \qquad (3.11)$$

Zauważ, że system podany przez równania (3.10) zawiera równania algebraiczne (N + 1) dla (N + 1) niewiadomych $\psi(\eta_i)$ $(i=1,2,...,N)$ oraz długość zamknięcia (kontaktu) a lub współczynnik obciążenia Q. W celu określenia tych niewiadomych, system podany przez równania (3.10) musi być rozwiązany iteracyjną procedurą wyjaśnioną poniżej:

Step 1. Wybrać wartości początkowe dla długości zamknięcia a oraz współczynnik obciążenia Q.

Step 2. Obliczyć $\psi(\eta_i)$ $(i=1,2,...,N)$, rozwiązując liniowy układ równań algebraicznych (3.10a).

Step 3. Zastępują $\psi(\eta_i)$ $(i=1,2,...,N)$ równanie (3.10b), czy to równanie jest spełnione, czy też nie. Jeśli nie jest, wybierz nową wartość dla jednej z wartości a lub Q, podczas gdy inna jest stała, i powtarzaj proces iteracji aż do spełnienia równania (3.10b).

3.1.3 Współczynnik intensywności naprężeń i przemieszczenie przy otwarciu pęknięcia

Z praktycznego punktu widzenia szczególnie interesujący jest $k(c)$ czynnik intensywności naprężeń, który charakteryzuje siłę pojedynczości naprężeń na końcu pęknięcia c. Jest on zdefiniowany w następujący sposób [17, 20, 21]:

$$k(c) = -\lim_{t\to c}\sqrt{2(c-t)}\,\sigma_{zz}(t,0) \qquad (3.12a)$$

Z tą definicją, możemy napisać dla naszego problemu.

$$k(c) = -\lim_{t\to c} \frac{\overline{\Delta}_2}{\overline{\Delta}_1} \overline{C}_{66} \sqrt{2(c-t)}\ f(t) \tag{3.12b}$$

Zastępując równania (3.7) do równania (3.12b), dla $k(c)$:

$$k(c) = -\frac{\overline{\Delta}_2}{\overline{\Delta}_1} p_0 \sqrt{2(c-a)}\,\psi(1) = -\frac{\overline{\Delta}_2}{\overline{\Delta}_1} p_0 \sqrt{c}\sqrt{2(1-\alpha)}\,\psi(1) \tag{3.13}$$

Aby ułatwić obliczenia numeryczne, Eq. (3.13) może być napisane tak, jak w następującej znormalizowanej formie:

$$k'(c) = \frac{\overline{\Delta}_1}{\overline{\Delta}_2} \frac{k(c)}{p_0\sqrt{c}} = -\sqrt{2(1-\alpha)}\psi(1) \tag{3.14}$$

gdzie $\psi(1)$ otrzymuje się je przy użyciu $\psi(\eta_i)\ (i=1,2,...,N)$ wzorów interpolacji podanych przez [22].

Interesujące jest również przemieszczenie otworu szczelinowego. Można to zapisać w następujący sposób:

$$w(x,0) = \int_a^x f(t)dt \tag{3.15}$$

Używając skrótów podanych przez równania (3.7), a następnie używając odpowiednich wielomianów Gaussa-Chebyszewa, równania. (3.15) może zostać zastąpiony przez

$$\overline{w} = \frac{w(x,0)}{c} \frac{\overline{C}_{66}}{p_0} = \frac{1-\alpha}{2} \sum_{j=1}^{i} W_j \psi(\eta_j), \quad (i=1,2,...,N) \tag{3.16}$$

gdzie i W_j są η_j podane w równaniach (3.11).

3.1.4 Wyniki liczbowe

W analizach numerycznych, jednokierunkowa wzmocniona warstwa kompozytowa, która jest poprzecznie izotropowa w odniesieniu do materiału głównego układu współrzędnych 1-2-3, z osią 1 zorientowaną wzdłuż włókien i zbieżną z *osią x*, osią 2 i *osią* 3 zbieżną z *osią z*. Właściwości rozpatrywanego kompozytu będącego typową warstwą grafitowo-epoksydową są następujące [3]:

$$E_{11} = 181 \text{ GPa}, E_{22} = E_{33} = 10.30 \text{ GPa},$$
$$G_{12} = G_{13} = 7.17 \text{ GPa}, G_{23} = 3.96 \text{ GPa},$$
$$\nu_{12} = \nu_{13} = 0.28, \nu_{23} = 0.30$$

Wyniki numeryczne zmian znormalizowanego obciążenia Q, znormalizowanego współczynnika intensywności naprężeń $k'(c)$ i znormalizowanego przemieszczenia przy otwarciu pęknięcia z $\overline{w}\ h/c, a/c$ i są przedstawione poniżej.

Rys. 3.2 przedstawia zmianę obciążenia krytycznego Q_{cr} w stosunku do kąta nachylenia włókien θ dla różnych h/c. Obciążenie krytyczne to obciążenie, dla którego następuje początkowy kontakt pomiędzy powierzchniami pęknięć. Jak widać na rysunku, przy początkowym zamknięciu pęknięcia $a/c = 0.0001$, tzn. obciążenie krytyczne zmniejsza się wraz ze wzrostem kąta nachylenia włókien. Wraz ze h/c wzrostem, zwiększa się również obciążenie krytyczne. Zakładając, że wysokość warstwy jest utrzymywana na stałym poziomie, zwiększenie h/c oznacza zmniejszenie długości pęknięcia. W przypadku większych długości pęknięć, tj. $h/c = 1.00$ 2,00 i 4,00, krzywe obciążenia krytycznego wydają się gładkie i nie zmieniają się znacząco wraz ze zmianą kąta nachylenia włókien. Ponadto, krzywe dla tych wartości są tak blisko siebie, co oznacza, że obciążenia krytyczne nie zmieniają się znacząco przy większych długościach pęknięć.

Na rysunkach 3.3 - 3.5 przedstawiono zmienność znormalizowanego obciążenia Q dla h/c różnych kątów włókien. Jak widać, istnieje punkt przecięcia wszystkich krzywych. h/c Poza tym punktem, znormalizowane obciążenie zwiększa się wraz z rosnącym obciążeniem h/c. Tutaj również widzimy, że znormalizowane obciążenie zmniejsza się wraz ze wzrostem kąta nachylenia włókien. Z rysunków 3.2 - 3.5 doszliśmy do wniosku, że zamknięcie pęknięcia staje się twarde, gdy długość pęknięcia staje się mniejsza. W przypadku h/c wartości mniejszych niż ten punkt krytyczny, nie możemy osiągnąć żadnych rozsądnych wyników z powodu problemów z obliczeniami numerycznymi.

Rys. 3.6 i tabela 3.1 pokazują zmienność znormalizowanego obciążenia Q z kątem włókien dla różnych długości zamknięcia (a/c) i h/c. Zgodnie z oczekiwaniami, w przypadku większych długości zamknięcia potrzebujemy większych wartości obciążeń. Na rys. 3.6. znormalizowane obciążenia zwiększają się wraz ze zwiększaniem kąta nachylenia włókien dla $a/c=0.5$, 0.7 i 0.9. Jednakże dla $a/c=0.1$i 0,3, można zauważyć, że obciążenia maleją wraz ze wzrostem kąta nachylenia włókien. Podobne wyniki można uzyskać dla $h/c=1.00$ niektórych długości zamknięcia i 1,50 dla niektórych długości zamknięcia w tabeli 3.1. Jednakże, zgodnie z wynikami $h/c=2.00$ przedstawionymi w tabeli 3.1, znormalizowane obciążenia maleją wraz ze wzrostem kąta nachylenia włókien. W związku z tym, biorąc pod uwagę wszystkie te wyniki z tymi wspomnianymi powyżej, możemy powiedzieć, że h/c i kąt nachylenia włókien są dwoma ważnymi parametrami na obciążenie związane z zamknięciem pęknięciami.

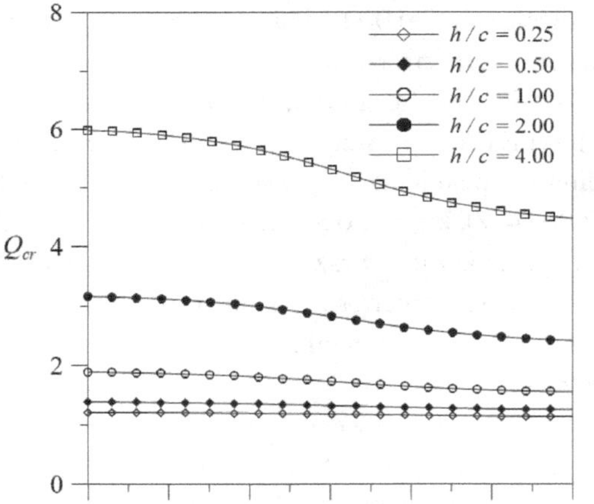

Rys. 3.2 Obciążenie krytyczne w Q_{cr} *stosunku do* kąta nachylenia włókien θdla różnych h/c (a/c = 0,0001)

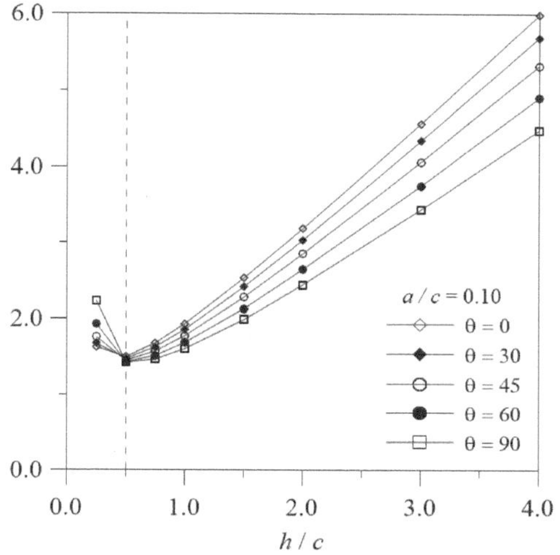

Rys. 3.3 Obciążenie znormalizowane *Q vs. h / c* dla różnych kątów włókien (*a / c* = 0,10)

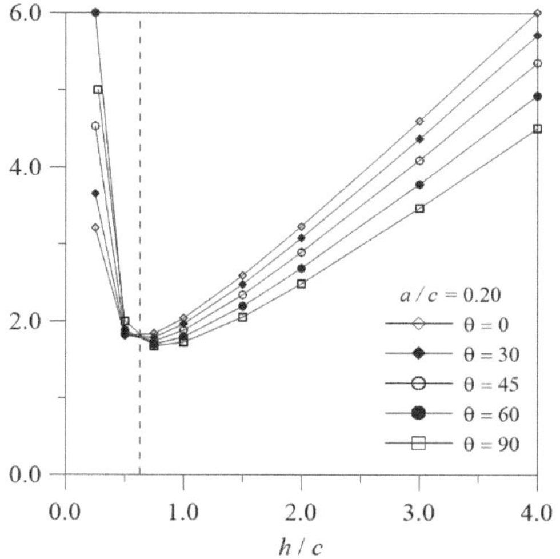

Rys. 3.4 Znormalizowane obciążenie *Q vs. h / c* dla różnych kątów włókien (*a / c* = 0,20)

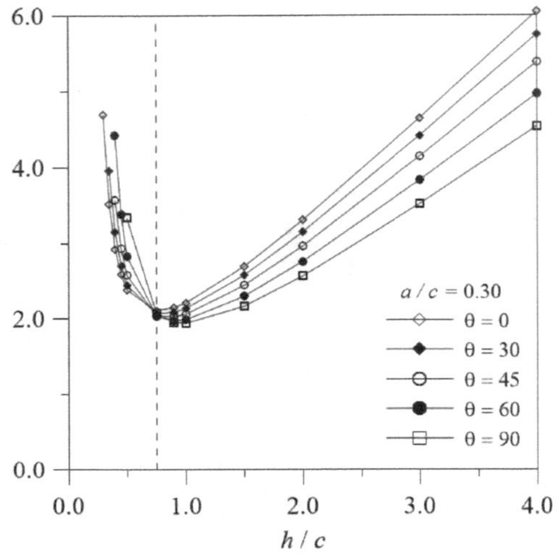

Rys. 3.5 Obciążenie znormalizowane *Q vs. h / c* dla różnych kątów włókien (*a / c* = 0,30)

W tabeli 3.2$k'(c)$ podano znormalizowany współczynnik intensywności naprężeń w zależności od kąta nachylenia włókien w przypadku początkowego zamknięcia pęknięcia, tj$a / c = 0.0001$. Współczynnik intensywności stresu maleje wraz ze wzrostem. Kiedyh / c $h / c \rightarrow \infty$, tzn. nie ma pęknięcia w warstwie, dochodzi do zera. Kiedy $h / c \rightarrow 0$ma nieskończenie dużą wartość, tzn. $k'(c) \rightarrow \infty$dlatego, że warstwa jest łamana wzdłuż jej płaszczyzny środkowej.

Zmienność znormalizowanego współczynnika intensywności naprężeń z kątem nachylenia włókien $k'(c)$ θdla różnych przedstawiono na rys. 3. h / c7. W miarę h / cwzrostu, znormalizowany współczynnik intensywności stresu spada$k'(c)$. Na rys. 3.8a / c podano zmienność znormalizowanego współczynnika intensywności naprężeń w zależności od $k'(c)$kąta nachylenia włókien θdla różnych wartości. Wraz ze wzrostem długości zamknięcia zmniejsza się współczynnik intensywności naprężeń. Oznacza to, że pęknięcie nie może się rozprzestrzeniać. Z rysunków 3.7 i 3.8 wynika, że znormalizowany współczynnik intensywności naprężeń ma maksimum przy spadku $\theta_{max} \cong 50$ kąta nachylenia włókien. W przypadku kątów włókien mniejszych niż ta wartość, współczynnik intensywności naprężeń wzrasta wraz ze wzrostem θ, natomiast maleje dla $\theta > \theta_{max}$.

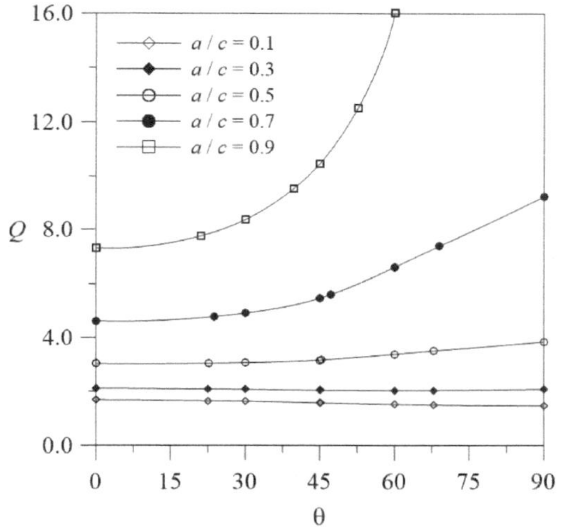

Rys. 3.6 Znormalizowane obciążenie Q *vs.* θ dla różnych a / c (h / c = 0,75)

Tabela 3.1 Zmienność znormalizowanego obciążenia $Q\theta$ dla różnych a / c

θ	$h/c = 1{,}00$			$h/c = 1{,}50$			$h/c = 2{,}00$		
	$a/c =$ 0,1	$a/c =$ 0,5	$a/c =$ 0,9	$a/c =$ 0,1	$a/c =$ 0,5	$a/c =$ 0,9	$a/c =$ 0,1	$a/c =$ 0,5	$a/c =$ 0,9
0	1.926	2.764	4.955	2.524	3.010	4.106	3.180	3.528	4.267
	8	3	0	0	5	5	5	0	5
1	1.908	2.747	4.990	2.495	2.979	4.080	3.143	3.488	4.225
5	4	8	5	7	8	9	2	0	7
3	1.853	2.707	5.134	2.410	2.891	4.017	3.028	3.368	4.108
0	5	4	0	0	0	7	7	6	7
4	1.770	2.666	5.496	2.275	2.761	3.953	2.846	3.185	3.944
5	2	6	1	7	5	7	5	6	0
6	1.680	2.657	6.230	2.126	2.629	3.939	2.640	2.986	3.785
0	8	9	0	3	4	0	8	2	3
7	1.617	2.695	7.271	2.016	2.544	3.996	2.486	2.843	3.695
5	8	3	5	4	8	5	6	7	1
9	1.600	2.727	7.782	1.983	2.526	4.046	2.438	2.803	3.682
0	1	0	0	3	2	2	8	5	5

Tabela 3.2 Znormalizowane współczynniki intensywności naprężeń w *stosunku do* $k'(c)$ h/c dla różnych kątów nachylenia włókien (a/c = 0,0001)

h/c	$\theta = 0$	$\theta = 30$	$\theta = 45$	$\theta = 60$	$\theta = 90$
$\to 0$	$\to \infty$	$\to \infty$	$\to \infty$	$\to \infty$	$\to \infty$
0.25	0.9521	5.8457	9.2874	9.7813	2.6111
0.50	0.5678	3.3890	5.1564	5.0657	1.2584
0.75	0.4044	2.3914	3.5978	3.4755	0.8480
1.00	0.3018	1.7755	2.6617	2.5637	0.6255
1.50	0.1807	1.0548	1.5755	1.5186	0.3735
2.00	0.1171	0.6785	1.0110	0.9752	0.2413
3.00	0.0587	0.3374	0.5010	0.4835	0.1202
4.00	0.0346	0.1982	0.2940	0.2838	0.0708
5.00	0.0226	0.1295	0.1921	0.1854	0.0463
7.50	0.0103	0.0589	0.0872	0.0840	0.0211
10.00	0.0059	0.0335	0.0495	0.0478	0.0120
$\to \infty$	$\to 0$	$\to 0$	$\to 0$	$\to 0$	$\to 0$

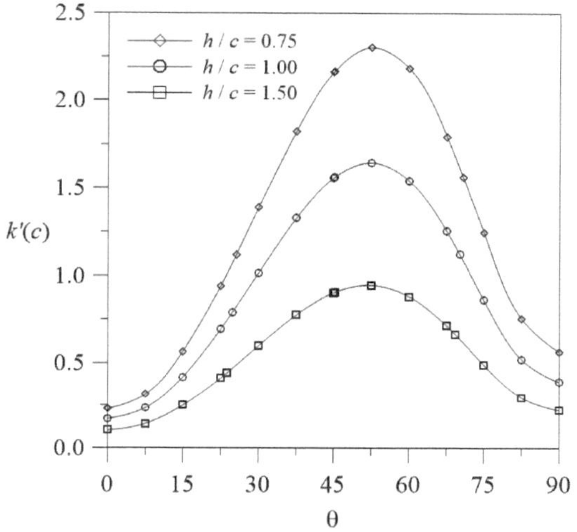

Rys. 3.7 Znormalizowane współczynniki intensywności naprężeń *vs.* $k'(c)$ h/c $(a/c = 0{,}5)$

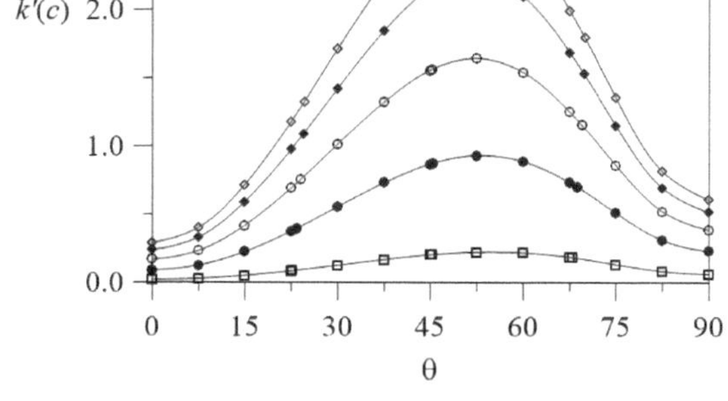

Rys. 3.8 Znormalizowane współczynniki intensywności naprężeń *vs.* $k'(c)$ θ dla różnych a/c $(h/c = 1{,}0)$

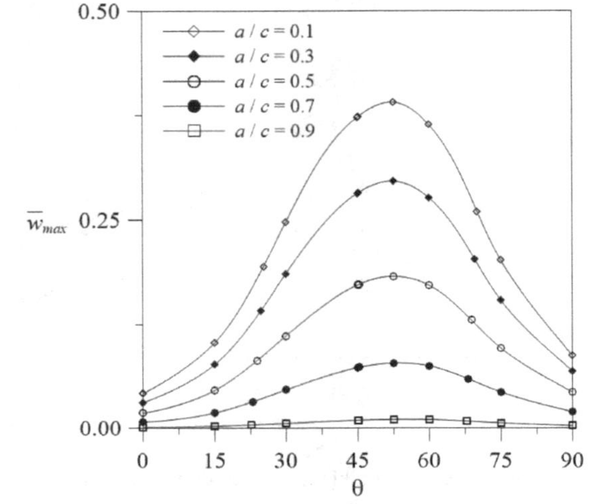

Rys. 3.9 Maksymalne wartości znormalizowanych przesunięć otwarcia pęknięcia w $\overline{w}_{max}$ *stosunku do* θ różnych *a/c* (*h/c* = 1.0)

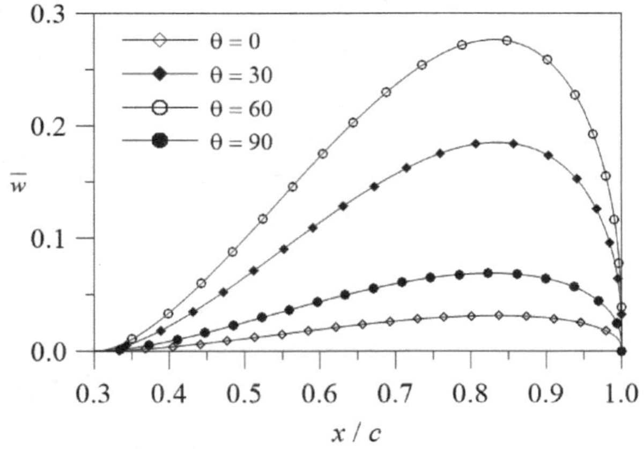

Rys. 3.10 Znormalizowane przemieszczenia otwarcia pęknięcia wzdłuż długości pęknięcia dla różnych kątów nachylenia włókien (*a/c* = 0,3, *h/c* = 1,0)

Rys. 3.9 przedstawia zmianę maksymalnych wartości przemieszczenia otwarcia pęknięcia w stosunku do $\overline{w}$ kąta nachylenia włókien θ dla różnych długości zamknięcia a / c. Znormalizowane przemieszczenie otwarcia pęknięcia zmniejsza się wraz ze wzrostem długości zamknięcia. Tutaj widzimy, że krzywe mają swoje maksymalne wartości na $\theta_{max} \cong 50$. Na rys. 3.10 θ podano zmienność znormalizowanego przemieszczenia otworu pęknięcia wzdłuż długości pęknięcia dla różnych kątów nachylenia włókien. Jak widać, minimalny otwór pęknięcia uzyskuje się $\theta = 0$, ponieważ włókna znajdują się w kierunku pęknięcia, tzn. w kierunku sztywniejszym warstwy. Kiedy θ wzrasta, otwarcie pęknięcia wzrasta aż do , ale ponownie zmniejsza się dla $\theta = 90$.

3.1.5 Wnioski

Częściowo zamknięty problem pęknięcia dla anizotropowej nieskończonej warstwy sprężystej rozwiązywany jest przez teorię sprężystości i metodę transformacji integralnej. Badany jest wpływ anizotropii materiału na wymagane obciążenie zamykające pęknięcie, współczynnik natężenia naprężeń na końcach pęknięcia oraz przemieszczenia przy otwieraniu pęknięcia. Zgodnie z wynikami tego badania można powiedzieć, co następuje:

1. Obciążenie krytyczne wzrasta, gdy h / c wzrasta. Zmniejsza się wraz ze wzrostem kąta nachylenia włókien θ. W przypadku mniejszych h / c, tzn. dłuższych pęknięć, obciążenie krytyczne nie ulega znacznemu pogorszeniu wraz ze zmianą kąta nachylenia włókien. Ponadto uzyskujemy prawie takie same wartości obciążenia dla początkowego zamknięcia przy dłuższych odcinkach pęknięć.
2. Po wystąpieniu styku pomiędzy powierzchniami pęknięć, potrzebujemy większych wartości obciążeń, aby zwiększyć długość styku (lub zamknięcia).
3. Obciążenie generalnie zmniejsza się, gdy zwiększa się kąt nachylenia włókien. Jednakże w przypadku niektórych wartości i h / c a / c, wniosek ten nie jest zasadny. Tutaj, h / c jest to najbardziej efektywny parametr.
4. Zamknięcie pęknięcia staje się twarde, gdy długość pęknięcia staje się mniejsza.

5. Współczynnik natężenia stresu maleje wraz ze wzrostem h/c. Ma maksimum na $\theta \cong 50$ rozważany problem.
6. Wraz ze wzrostem długości zamknięcia zmniejsza się współczynnik intensywności naprężeń.
7. Przemieszczenie otworu szczelinowego zmniejsza się wraz ze wzrostem długości zamknięcia. W przypadku warstwy ortotropowej (poprzecznie izotropowej) na osi, tzn. $\theta = 0$ uzyskuje się minimalne otwory szczelinowe. Podobnie jak w przypadku współczynnika intensywności naprężeń, przemieszczenia przy otwieraniu pęknięcia mają maksimum dla $\theta \cong 50$ rozważanego problemu.
8. Stosunek wysokości warstwy do długości pęknięcia h/c oraz kąt nachylenia włókien θ mają silny wpływ na obciążenie Q wymagane do zamknięcia, długość zamknięcia a/c oraz przemieszczenia otwarcia pęknięcia.

3.2 Odzyskiwanie problemów kontaktowych dla elastycznego medium anizotropowego

Problemy związane z kontaktem dwóch odrębnych organów, na które wywierano nacisk, zostały szeroko przeanalizowane ze względu na ich praktyczne znaczenie. Chociaż w większości przypadków powierzchnia styku zwiększa się po przyłożeniu obciążenia, istnieją inne, w których ostateczna powierzchnia styku jest mniejsza niż powierzchnia oryginalna. Ten rodzaj problemu kontaktowego to tzw. *cofanie się*. Innymi słowy, kontakt ma się cofać, jeśli powierzchnia styku w obciążonej konfiguracji jest zawarta w początkowej powierzchni styku [23]. W literaturze zarejestrowano szereg badań związanych z ustępującymi problemami kontaktowymi, zarówno liczbowo, jak i analitycznie. Najnowsze badania numeryczne tego typu problemów kontaktowych opierały się albo na metodzie elementów skończonych [24-26], albo na metodzie elementów granicznych [27-30]. Wśród badań analitycznych, Refs. [31-39] mogą być odsyłane.

Ponieważ materiały anizotropowe są szeroko stosowane w różnych komponentach konstrukcyjnych, potrzeba bardziej szczegółowych badań nad materiałami anizotropowymi nabrała większego znaczenia. Niektórzy autorzy rozważali zatem analizy stresowe i kontaktowe warstwowych mediów anizotropowych na różne sposoby analityczne i numeryczne [40-42].

3.2.1 Definicja problemu i pojedyncze równania całkowite

Rozważyć elastyczną warstwę o grubości h spoczywającą na elastycznej półpłaszczyźnie poddanej skoncentrowanej sile P na jej górnej powierzchni poprzez sztywny okrągły przebijak, jak pokazano na rys. 3.11. Warstwa i półpłaszczyzna mają różne orientacje włókien w płaszczyźnie x-y. Problem musi zostać rozwiązany w następujących warunkach brzegowych:

$$\sigma_{zz}^{(1)}(x,h) = \begin{cases} -p_1(x), & -a < x < a, \\ 0, & \text{other} \end{cases} \tag{3.17a}$$

$$\tau_{xz}^{(1)}(x,h) = 0, \quad \tau_{yz}^{(1)}(x,h) = 0, \quad -\infty < x < \infty \tag{3.17b,c}$$

$$\tau_{yz}^{(1)}(x,0) = \tau_{yz}^{(2)}(x,0) = 0, \quad -\infty < x < \infty \tag{3.17d,e}$$

$$\tau_{xz}^{(1)}(x,0) = \tau_{xz}^{(2)}(x,0) = 0, \quad -\infty < x < \infty \tag{3.17f,g}$$

$$\sigma_{zz}^{(1)}(x,0) = \sigma_{zz}^{(2)}(x,0) = \begin{cases} -p_2(x), & -b < x < b \\ 0, & \text{other} \end{cases} \tag{3.17h,i}$$

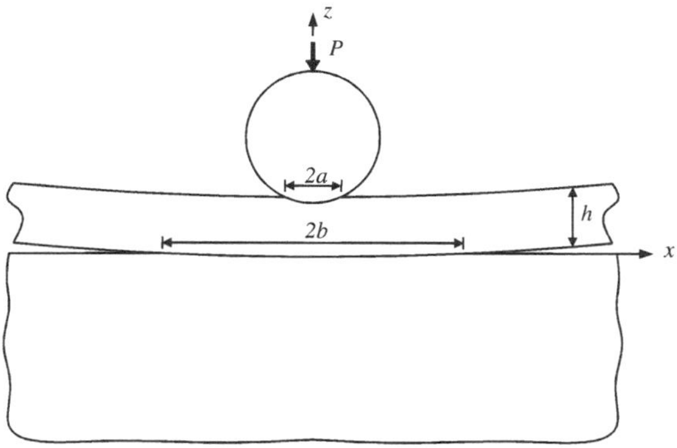

Rys. 3.11 Ustawienia problemu z kontaktem w stanie spoczynku

$$w^{(1)}(x,h) = F(x), \quad -a < x < a \tag{3.17j}$$

$$w^{(1)}(x,0) - w^{(2)}(x,0) = 0, \quad -b < x < b \tag{3.17k}$$

gdzie i $p_1(x)$ gdzie są nieznane naprężenia stykowe, a i b są długościami styku i jest $F(x)$ funkcją definiującą odpowiednio profil przebicia. Superscripts 1 i 2 wskazują odpowiednio warstwę i półpłaszczyznę.

W celu zapewnienia ciągłości normalnych przemieszczeń w regionie kontaktowym, należy konsekwentnie zastępować równania (3,17j) i (3,17k) poniższymi wartościami, ale należy unikać angażowania się w przemieszczenia ciała sztywnego:

$$\frac{\partial w^{(1)}(x,h)}{\partial x} = \frac{dF(x)}{dx} = f(x), \qquad -a < x < a \tag{3.18a}$$

$$\frac{\partial}{\partial x}[w^{(1)}(x,0) - w^{(2)}(x,0)] = 0, \qquad -b < x < b \tag{3.18b}$$

Zastosowanie Fouriera przekształcić do warunków brzegowych (3.17), a wynikające z tego rozwiązanie systemu równań algebraicznych dają nieznane współczynniki pojawiające się w stres i wypieranie wyrażeń w zakresie nieznanych funkcji i $p_1(x)$ $p_2(x)$, które są podane w załączniku B dla każdego przypadku materialnej anizotropii. Zastępowanie współczynników stałych do równań (3.18) daje system pojedynczych równań całkowitych dla nieznanych naprężeń kontaktowych i $p_1(x)$ $p_2(x)$. Powstałe w ten sposób całki posiadają rozbieżne jądra, które są rozkładane na pojedyncze i regularne części typu Cauchy'ego, wykorzystując asymptotyczne zachowanie ich jądra. Ocena Cauchy-typu pojedyncze części w formie zamkniętej, następujące pojedynczy system równań integralnych dla nieznanych funkcji i $p_1(t)$ $p_2(t)$ mogą być uzyskane:

$$\frac{1}{\pi}\int_{-a}^{a} p_1(t)\left[\frac{1}{t-x} + K_{11}(x,t)\right]dt + \frac{1}{\pi}\int_{-b}^{b} p_2(t)K_{12}(x,t)dt = -\frac{\Delta_1}{\Delta_2}f(x), \quad -a < x < a \tag{3.19a}$$

$$\frac{1}{\pi}\int_{-a}^{a} p_1(t)\frac{K_{21}(x,t)}{\Delta_3}dt + \frac{1}{\pi}\int_{-b}^{b} p_2(t)\left[\frac{1}{t-x} + \frac{K_{22}(x,t)}{\Delta_3}\right]dt = 0, \quad -b < x < b \tag{3.19b}$$

gdzie

$$K_{11}(x,t)=\int_0^\infty k_{11}(x,t)\sin s(t-x)ds,$$
$$K_{12}(x,t)=\int_0^\infty k_{12}(x,t)\sin s(t-x)ds,$$
$$K_{21}(x,t)=\int_0^\infty k_{21}(x,t)\sin s(t-x)ds,$$
$$K_{22}(x,t)=\int_0^\infty k_{22}(x,t)\sin s(t-x)ds \quad (3.20)$$

gdzie $\Delta_3=1+[(\overline{C}_{66}\Delta_1/\Delta_2)/(\overline{C}^*_{66}\Delta^*_1/\Delta^*_2)]$. Tutaj, gwiazdy oznaczają półpłaszczyznę. $k_{11}(x,t)$ i Δ_1 Δ_2 dla każdego przypadku anizotropii materiału podano w dodatku B. $k_{12}(x,t)$ Integrandy jądra $K_{ij}(i,j=1,2)$ są regularnymi i zbieżnymi funkcjami jak $s\rightarrow\infty$. W ten sposób całki podane przez równania (3.20) mogą być oceniane numerycznie. W systemie pojedynczych równań całkowitych (3.19), naprężenia stykowe i $p_1(t)$ $p_2(t)$ są niewiadome, jak również półszerokość styku a i b.

Biorąc pod uwagę równowagę sztywnego dziurkacza i warstwy, możemy napisać następujące dwa dodatkowe wyrażenia:

$$\int_{-a}^{a}p_1(t)dt=P \quad (3.21a)$$

$$\int_{-b}^{b}p_2(t)dt=P \quad (3.21b)$$

gdzie P jest wypadkowym obciążeniem ściskającym przyłożonym do medium poprzez sztywny stempel, który jest znaną wartością. Równanie (3.21) posłuży do uzyskania dodatkowych równań wymaganych dla rozwiązania numerycznego.

3.2.2 Rozwiązanie systemu pojedynczych równań całkowitych

Ze względu na płynny kontakt w punktach końcowych a i b, nieznane funkcje i $p_1(t)$ $p_2(t)$ są zerowe. Stąd indeks równań całkowych (3.19) wynosi -1 [19]. Aby uprościć rozwiązanie numeryczne, zdefiniowano następujące wielkości bezwymiarowe:

$$x=a\xi,\quad t=a\eta,\quad -a<x,t<a,$$
$$x=b\xi,\quad t=b\eta,\quad -b<x,t<b,$$
$$g_1(\eta)=p_1(t)h/P,\quad g_2(\eta)=p_2(t)h/P,$$

$$Q = \bar{C}_{66} h / P, \quad \alpha = sh \tag{3.22}$$

gdzie i ξ różnią się między -1 i 1. Używając równań (3.22) do równań (3.19), mamy

$$\frac{1}{\pi}\int_{-1}^{1} g_1(\eta)\left[\frac{1}{\eta-\xi}+\frac{a}{h}M_{11}(\xi,\eta)\right]d\eta + \frac{1}{\pi}\int_{-1}^{1} g_2(\eta)\frac{b}{h}M_{12}(\xi,\eta)d\eta = -Q\frac{\Delta_1}{\Delta_2}m(\xi) \tag{3.23a}$$

$$\frac{1}{\pi}\int_{-1}^{1} g_1(\eta)\frac{a}{h}\frac{M_{21}(\xi,\eta)}{\Delta_3}d\eta + \frac{1}{\pi}\int_{-1}^{1} g_2(\eta)\left[\frac{1}{\eta-\xi}+\frac{b}{h}\frac{M_{22}(\xi,\eta)}{\Delta_3}\right]d\eta = 0 \tag{3.23b}$$

gdzie ($m(\xi) = f(a\xi)$ $-1 < \xi < 1$), oraz

$$M_{11}(\xi,\eta) = K_{11}(a\xi,a\eta), \quad M_{12}(\xi,\eta) = K_{12}(a\xi,b\eta),$$
$$M_{21}(\xi,\eta) = K_{21}(b\xi,a\eta), \quad M_{22}(\xi,\eta) = K_{22}(b\xi,b\eta) \tag{3.24}$$

Podobnie, warunki równowagi podane w równaniach (3.21) mogą stać się

$$\frac{a}{h}\int_{-1}^{1} g_1(\eta)d\eta = 1 \tag{3.25a}$$

$$\frac{b}{h}\int_{-1}^{1} g_2(\eta)d\eta = 1 \tag{3.25b}$$

Aby zapewnić płynny kontakt w punktach końcowych a i b, rozwiązania powinny wyglądać następująco [19]:

$$g_1(\eta) = G_1(\eta)\sqrt{1-\eta^2}, \quad g_2(\eta) = G_2(\eta)\sqrt{1-\eta^2} \quad (-1 < \eta < 1) \tag{3.26}$$

gdzie $G_1(\eta)$ i jakie $G_2(\eta)$ funkcje są ograniczone w przedziale $(-1 \le \eta \le 1)$. Stosując odpowiedni wzór na integrację Gaussa i Chebyszewa [19], równania od (3.23) do (3.25) można zastąpić równaniami

$$\sum_{i=1}^{N}\frac{1-\eta_i^2}{1+N}\left[\frac{1}{\eta_i-\xi_j}+\frac{a}{h}M_{11}(\xi_j,\eta_i)\right]G_1(\eta_i)$$

$$+\sum_{i=1}^{N}\frac{1-\eta_i^2}{1+N}\frac{b}{h}M_{12}(\xi_j,\eta_i)G_2(\eta_i)=Q\frac{\Delta_1}{\Delta_2}m(\xi_j) \quad (3.27a)$$

$$\sum_{i=1}^{N}\frac{1-\eta_i^2}{1+N}\frac{a}{h}\frac{M_{21}(\xi_j,\eta_i)}{\Delta_3}G_1(\eta_i)$$

$$+\sum_{i=1}^{N}\frac{1-\eta_i^2}{1+N}\left[\frac{1}{\eta_i-\xi_j}+\frac{b}{h}\frac{M_{22}(\xi_j,\eta_i)}{\Delta_3}\right]G_2(\eta_i)=0$$

(3.27b)

$$\frac{a}{h}\sum_{i=1}^{N}\frac{1-\eta_i^2}{1+N}G_1(\eta_i)=\frac{1}{\pi} \quad (3.28a)$$

$$\frac{b}{h}\sum_{i=1}^{N}\frac{1-\eta_i^2}{1+N}G_2(\eta_i)=\frac{1}{\pi} \quad (3.28b)$$

gdzie

$$\xi_j=\cos\left(\frac{\pi}{2}\frac{2j-1}{N+1}\right) \quad (j=1,2,...,N+1),$$

$$\eta_i=\cos\left(\frac{i\pi}{N+1}\right) \quad (i=1,2,...,N) \quad (3.29)$$

Układ równań algebraicznych w (3.27) daje równania (2N + 4) dla (2N + 2) niewiadomych. Wykazano, że dodatkowe równania w (3.28) odpowiadają warunkom spójności pierwotnych równań całkowitych (3.23) [19]. Można również wykazać, że $(N/2+1)$równania w równaniach (3.27) są automatycznie spełniane. Tak więc, równania podane przez (3.27) i (3.28) stanowią układ (2N + 2) równań dla (2N + 2) niewiadomych, które są, $G_2(\eta_i)$ $(i=1,2,...,N)$ kontakt półszerokości *a* i *b*. Należy pamiętać, że system jest liniowy i$G_1(\eta_i)$ $G_2(\eta_i)$, ale wysoce nieliniowy w *a* i *b*. W związku z tym, iteracyjny procedura jest wymagana do określenia tych dwóch niewiadomych w następujący sposób:

Step 1. Wybrać wartości początkowe dla zmiennych *a* i *b*.

Step 2. Rozwiąż układ równań podanych przez (3.27) dla niewiadomych 2N i $G_1(\eta_i)$ $G_2(\eta_i)$ $(i=1,2,...,N)$.

Step 3. Stosować równania (3.28) w celu sprawdzenia, czy spełnione są warunki równowagi. Na podstawie fizyki problemu, jeśli prawa strona (3.28) jest większa w wartościach bezwzględnych niż prawa strona (3.28), wartości a i b są zwiększane lub odwrotnie, dopóki nie zostaną spełnione równania (3.28).

3.2.3 Wyniki liczbowe

Powyższa formuła jest raczej ogólna, a każdy zakrzywiony (lub płaski) wykrojnik może być poddany obróbce. Dla dziurkacza okrągłego o promieniu r, można napisać

$$f(x) = \frac{x}{\sqrt{r^2 - x^2}} \tag{3.30}$$

W obliczeniach numerycznych przyjmuje się, że warstwa i półpłaszczyzna są kompozytem jednokierunkowym wzmocnionym włóknami, który jest poprzecznie izotropowy w odniesieniu do głównego układu współrzędnych materiału 1-2-3, z osią 1 zorientowaną wzdłuż włókien i zbieżną z *osią x*, 2-osiową zbieżną z *osią y* i 3-osiową zbieżną z *osią z*. Właściwości materiału są następujące [42]:

$$E_{11} = 42.74 \text{ GPa}, \mathrm{E}_{22} = E_{33} = 11.72 \text{ GPa},$$
$$G_{12} = G_{13} = 8.238 \text{ GPa}, G_{23} = 3.778 \text{ GPa},$$
$$\nu_{12} = \nu_{13} = 0.27, \nu_{23} = 0.55$$

W tabeli 3.3. znormalizowane długości styku oraz $a/h\, b/h$ całki podane w równaniach (3.25) niniejszego badania są porównywane z całkami ref. [38], w którym badano izotropowe media warstwowe. W tym celu należy określić wysokość warstwy dolnej w części "Ref. 38] jest przyjmowana jako bardzo duża wartość reprezentująca półpłaszczyznę. Ponadto w naszym składzie przyjmujemy stałe izotropowe materiału dla obliczeń numerycznych. Jak widać w tabeli, wyniki dla znormalizowanych długości styku i $a/h\, b/h$ uzyskane z obu badań są w doskonałej zgodzie. Ponadto obliczone wartości całkowite są zgodne co do zasady.

W tabeli 3.4 podano liczbę iteracji wykonanych w celu osiągnięcia rozwiązania problemu dla $\theta = 45$, $r/h = 10$ i $Q = 1000$ podano. Roztwór iteracyjny jest wykonywany, dopóki względny błąd pomiędzy dwoma kolejnymi iteracjami w równaniach (3.25) nie stanie się mniejszy niż wartość tolerancji 1 $^{10-6}\times$, co oznacza, że spełnione są warunki równowagi (3.21). Jak widać, kilka iteracji jest wymaganych do uzyskania znormalizowanych kontaktów półdługości i a/h b/h.

Rys. 3.11 pokazuje zmienność znormalizowanych połówek szerokości kontaktu oraz a/h kąta nachylenia włókien dla θi $r/h = 500$ $Q = 1000$. Jak widać, długość styku b/hna warstwie - interfejs półpłaszczyznowy jest zawsze większy niż długość styku a/hpod stemplem. W miarę zwiększania się kąta nachylenia włókien, normalizowana szerokość styku również wzrasta, natomiast malejeb/h. Oczywiste jest, że jednokierunkowy materiał wzmacniany włóknami jest bardzo odporny na zginanie w kierunku włókien. W związku z tym, wraz ze wzrostem kąta nachylenia włókien, sztywność sprężystości, a co za tym idzie, wytrzymałość warstwy na zginanie w *kierunku x* zmniejszy się. W rezultacie warstwa będzie bardziej zginać się wokół *osi y*, zwiększając kąt nachylenia włókien. Wynik ten można również zobaczyć w tabeli 3.5, w której podano znormalizowane szerokości styku a/hi w b/hzależności od kąta nachylenia włókien dla różnych wartości. r/h

Tabela 3.3 Porównanie znormalizowanych połówkowych szerokości kontaktu z szerokościami wskazanymi przez sygnatariusza. [38]

r/h	Q	a/h		b/h		$(a/h)\int_{-1}^{1} g_1(\eta)d\eta$		$(b/h)\int_{-1}^{1} g_2(\eta)d\eta$	
		Obec ny...	Nr ref. [38]	Obec ny...	Nr ref. [38]	Obecny...	Nr ref. [38]	Obecny...	Nr ref. [38]
10	50 0	0.097 93	0.09 793	1.330 00	1.33 000	0.999941 478558	0.999941 478912	0.999904 047423	0.999904 048031
	10 00	0.069 18	0.06 918	1.325 00	1.32 500	1.000018 718243	1.000018 718420	0.999945 629965	0.999945 630401
	20 00	0.048 89	0.04 889	1.330 00	1.33 000	0.999921 903795	0.999921 903883	0.999908 769076	0.999908 769419
10 0	50 0	0.315 35	0.31 535	1.356 50	1.35 650	0.999969 548262	0.999969 551617	0.999904 132882	0.999904 136482
	10 00	0.220 80	0.22 080	1.362 00	1.36 200	0.999933 219301	0.999933 221007	1.000086 365341	1.000086 367281
	20 00	0.155 33	0.15 533	1.355 00	1.35 500	0.999907 684986	0.999907 685852	1.000072 201291	1.000072 202392
50 0	50 0	0.742 60	0.74 260	1.502 60	1.50 260	1.000057 475322	1.000057 488585	1.000010 780593	1.000010 794047
	10 00	0.511 05	0.51 105	1.398 00	1.39 800	1.000090 589130	1.000090 596850	0.999921 076712	0.999921 084664
	20 00	0.354 25	0.35 425	1.355 70	1.35 570	1.000094 241665	1.000094 245822	0.999934 602817	0.999934 607222
10 00	50 0	1.069 35	1.06 935	1.862 50	1.86 250	0.999948 756485	0.999948 775800	1.000998 081412	1.000998 100805
	10 00	0.738 58	0.73 858	1.645 80	1.64 580	0.999939 954354	0.999939 966808	1.000950 471814	1.000950 484382
	20 00	0.510 82	0.51 082	1.410 82	1.41 082	1.000011 444626	1.000011 444833	0.999968 502064	0.999968 502471

Tabela 3.4 Iteracja rozwiązania problemu zanikającego kontaktu ($\theta = 45, r/h = 10, Q = \bar{C}_{66}h/P = 1000$)

Iteracja nie.	$(a/h)\int_{-1}^{1} g_1(\eta).$	a/h	$E\,(\%)^1$	$(b/h)\int_{-1}^{1} g_2(\eta).$	b/h	$E\,(\%)$
1	1.4631086	0.10000 00	-	1.4638565	1.60000 00	-
2	0.9374481	0.08000 00	- 25. 00 0	0.9375138	1.55000 00	- 3. 22 6

3	0.9848001	0.0820000	2.439	0.9848683	1.5500000	0.000
4	0.9992317	0.0826000	0.726	0.9993006	1.5500000	0.000
5	0.9999560	0.0826300	0.036	1.0000249	1.5500000	0.000
6	1.0000043	0.0826320	0.002	1.0000732	1.5500000	0.000
7	0.9999992	0.0826320	0.000	1.0000197	1.5450000	-0.324
8	0.9999981	0.0826320	0.000	1.0000089	1.5440000	-0.065
9	0.9999973	0.0826320	0.000	1.0000002	1.5432000	-0.052
10	0.9999997	0.0826321	0.000	1.0000026	1.5432000	0.000
11	0.9999996	0.0826321	0.000	1.0000015	1.5431000	-0.006
12	-	-	-	1.0000010	1.5430500	-0.003
13	-	-	-	1.0000007	1.5430300	-0.001

[1] *E* to względny błąd długości styku pomiędzy dwoma kolejnymi iteracjami.

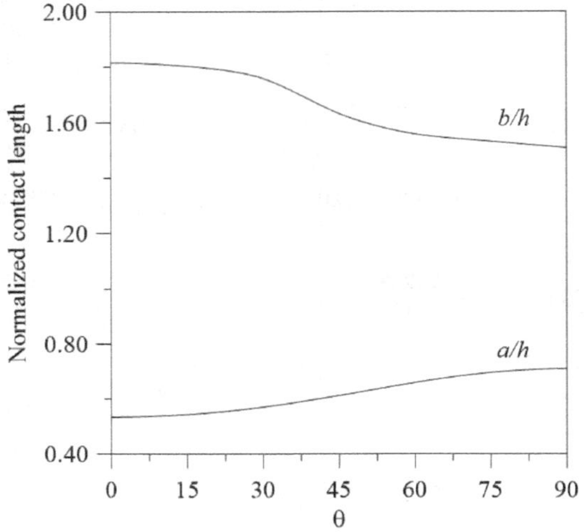

Rys. 3.11 Znormalizowane połówki szerokości styku w *stosunku do* kąta nachylenia włókien (r / h = 500, Q = 1000)

Tabela 3.5 Zmiany znormalizowanych szerokości styku półszerokość a / h i b / h z kątem włókien θdla różnych r / h (Q = 1000)

θ	$r / h = 10$		$r / h = 100$		$r / h = 500$	
	a / h	b / h	a / h	b / h	a / h	b / h
0	0.07328	1.76100	0.23315	1.76050	0.53320	1.81500
15	0.07444	1.74250	0.23691	1.75000	0.54250	1.80250
30	0.07774	1.66500	0.24773	1.68000	0.56935	1.75850
45	0.08263	1.55000	0.26390	1.57000	0.61100	1.63210
60	0.08805	1.45000	0.28212	1.43900	0.65790	1.55790
75	0.09230	1.37000	0.29656	1.36750	0.69457	1.53130
90	0.09385	1.35000	0.30183	1.35000	0.70845	1.50790

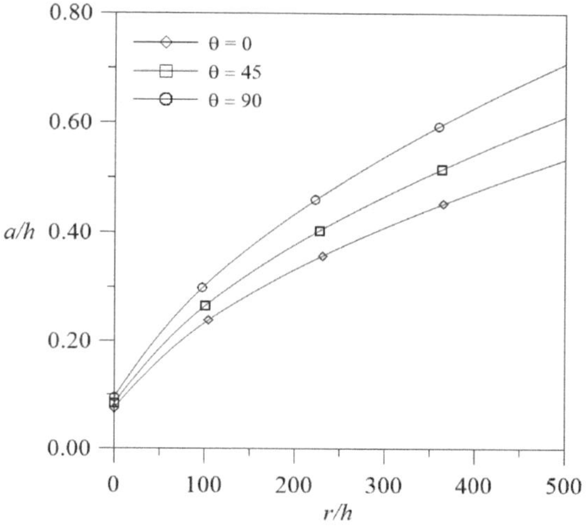

Rys. 3.12 *a / h vs. r / h* (Q = 1000)

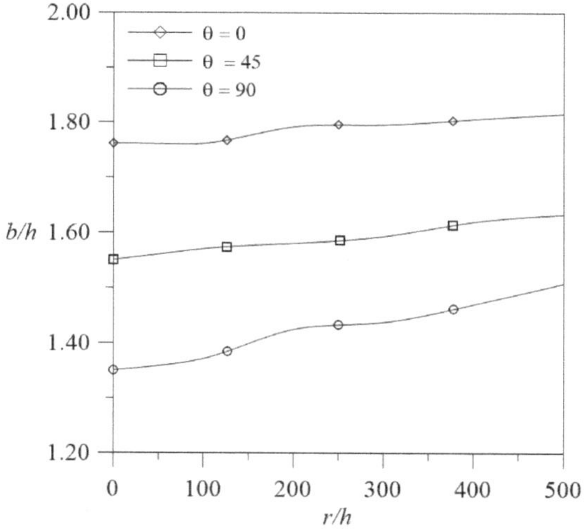

Rys. 3.13 *b / h vs. r / h* (Q = 1000)

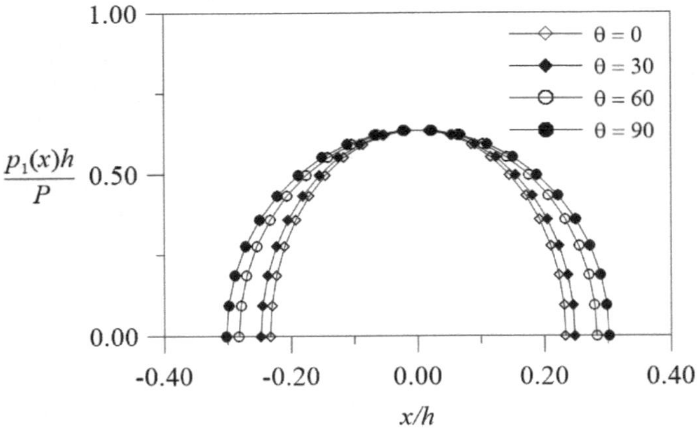

Rys. 3.14 Znormalizowane naprężenia stykowe pod sztywnym stemplem dla różnych kątów włókien ($r / h = 100$, $Q = 1000$)

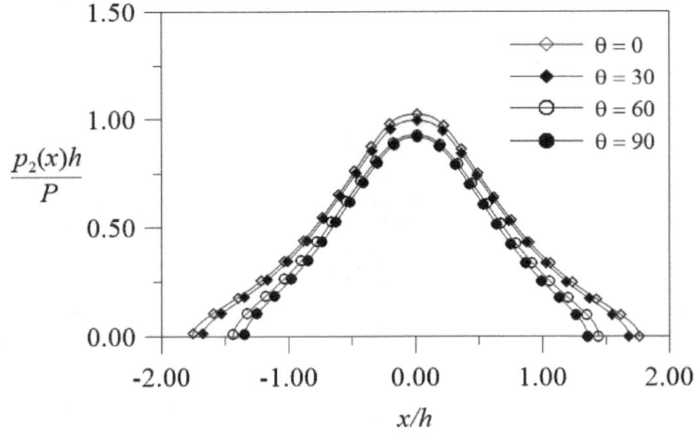

Rys. 3.15 Znormalizowane naprężenia stykowe na styku warstwy i półpłaszczyzny dla różnych kątów włókien ($r / h = 100$, $Q = 1000$)

Na rysunkach 3.12 i 3.13 r/h podano zmienność znormalizowanych połówkowych szerokości kontaktu i a/h promienia stempla dla θ= 0, 45 i 90. Jak wynika z danych liczbowych, zarówno i a/h b/h wzrasta wraz ze wzrostem r/h. Jak wcześniej wyjaśniono, wzrost kąta nachylenia włókien powoduje wzrost w a/h, ale spadek w b/h. Przedstawione tu wyniki potwierdzają wyniki podane w poprzednim akapicie.

Znormalizowane rozkład naprężeń stykowych $p_1(x)h/P$ pod sztywnym stemplem i $p_2(x)h/P$ na styku warstwy i półpłaszczyzny pokazano na rysunkach 3.14 i 3.15 dla różnych kątów włókien. Ponownie można zauważyć, że znormalizowana długość styku a/h zwiększa się wraz ze zwiększaniem kąta nachylenia włókien, podczas gdy *b/h* spada. Pod stemplem znormalizowane naprężenia kontaktowe mają tę samą wartość maksymalną dla wszystkich kątów włókien, ale rozkładają się na większą powierzchnię kontaktu, zwiększając kąt włókien. Jednak znormalizowane naprężenia stykowe na styku warstwy i półpłaszczyzny zmniejszają się wraz ze wzrostem kąta nachylenia włókien. Widać również, że w tych liczbach można dostrzec, że stres związany z kontaktem międzyfazowym jest większy niż w przypadku ponczu.

3.2.4 Wnioski

Rozważany jest problem odsuwania się płaszczyzny kontaktu dla warstwy elastycznej na półpłaszczyźnie elastycznej. Zarówno warstwa, jak i półpłaszczyzna mają właściwości materiału anizotropowego. Wyniki liczbowe dla znormalizowanych rozkładów naprężeń stykowych i $p_1(x)h/P$ $p_2(x)h/P$, oraz znormalizowanych połówkowych szerokości styku, a/h b/h przedstawiane są w zależności od kąta nachylenia θ włókien. Poniższe informacje można zaczerpnąć z badania:

1. Długość styku pod stemplem zwiększa się wraz ze wzrostem kąta nachylenia włókien. Jednak długość kontaktu na styku warstwy i półpłaszczyzny zmniejsza się wraz ze zwiększaniem kąta nachylenia włókien, co wynika ze zmniejszenia sztywności warstwy przy zginaniu.
2. Naprężenie kontaktowe pod sztywnym stemplem rozkłada się na większą powierzchnię, gdy kąt włókien wzrasta. W tym przypadku maksymalna wartość znormalizowanego nacisku styków nie ulega

zmianie. Naprężenie stykowe na styku warstwy i półpłaszczyzny zmniejsza się jednak wraz ze wzrostem kąta nachylenia włókien.

3. Zwiększenie promienia stempla powoduje zwiększenie długości styku.
4. Ogólnie rzecz biorąc, badanie pokazuje, że anizotropia materiałowa ma silny wpływ na wyniki związane z długością kontaktu, a tym samym na naprężenia stykowe dla obecnego problemu.

3.3 Wstępne rozdzielenie dwóch warstw ortotropowych obciążonych sztywnym dziurkaczem

Teraz przyjrzymy się początkowemu problemowi oddzielenia dwóch warstw ortotropowych skompresowanych sztywnym płaskim stemplem. Jeśli wielkość obciążenia zewnętrznego przekroczy wartość krytyczną, na styku warstw nastąpi separacja w ograniczonym obszarze. W większości zastosowań inżynieryjnych, zwłaszcza w geotechnice i inżynierii fundamentów, unika się rozdzielenia. Dlatego też, aby określić początkowy punkt separacji i odpowiadającą mu wartość obciążenia krytycznego ma duże znaczenie (patrz odnośniki [43-52]).

3.3.1 Definicja problemu

Rozważmy warstwowe podłoże elastyczne, które składa się z dwóch ortotropowych warstw elastycznych o wysokości *h1* i *h2*, jak pokazano na rys. 3.16. Warstwowe medium jest obciążane skoncentrowaną siłą *P* na górnej powierzchni za pomocą sztywnego płaskiego stempla o szerokości *2a*. Medium jest perfekcyjnie połączone ze sztywną płaszczyzną na jego dolnej powierzchni. Przyjmuje się, że kontakt na wszystkich powierzchniach jest beztarciowy, a na interfejsach nie dopuszcza się żadnych ciągów rozciągających. W rozwiązaniu brany jest pod uwagę efekt grawitacji, a pod uwagę brana jest tylko konfiguracja materiałowa na osi.

Po pierwsze, zignorujemy efekt grawitacji, aby uzyskać jednorodne roztwory składników przemieszczenia i naprężeń. W ten sposób, warunki brzegowe problemu stają się warunkami brzegowymi:

$$\sigma_{zz}^{(1)}(x,h_1)=\begin{cases}-p(x), & -a<x<a\\ 0, & \text{other}\end{cases} \tag{3.31a}$$

$$\tau_{xz}^{(1)}(x,h_1)=0, \qquad -\infty<x<\infty \tag{3.31b}$$

$$\tau_{xz}^{(1)}(x,0)=\tau_{xz}^{(2)}(x,0)=0, \qquad -\infty<x<\infty \tag{3.31c,d}$$

$$\sigma_{zz}^{(1)}(x,0)=\sigma_{zz}^{(2)}(x,0), \qquad -\infty<x<\infty \tag{3.31e}$$

$$w^{(1)}(x,0)=w^{(2)}(x,0), \qquad -\infty<x<\infty \tag{3.31f}$$

$$u^{(2)}(x,-h_2)=0, \quad w^{(2)}(x,-h_2)=0, \qquad -\infty<x<\infty \tag{3.31g,h}$$

$$\frac{\partial}{\partial x}w^{(1)}(x,h_1)=0, \qquad -a<x<a \tag{3.31i}$$

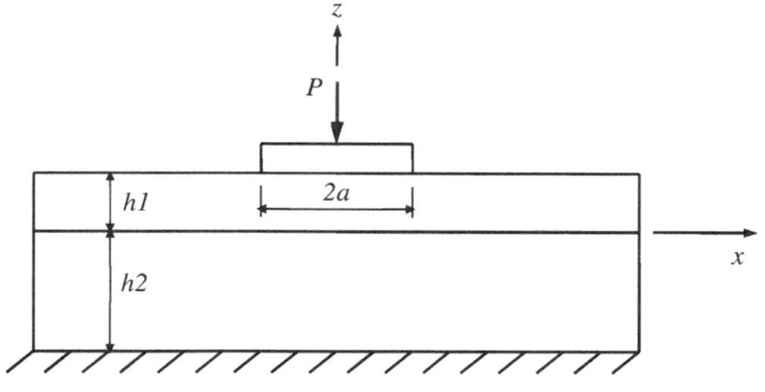

Rys. 3.16 Geometria problemu

gdzie i $p(x)$ oznacza nieznany nacisk kontaktu pod sztywnym stemplem i odpowiednio półszerokość kontaktu. Nieznane współczynniki i A_j B_j pojawiające się w wyrażeniach przemieszczenia i naprężeń można uzyskać stosując warunki brzegowe (3,31a-h) w dziedzinie transformacji (patrz Załącznik C).

3.3.2 Równanie jednoliczbowe zintegrowane i jego rozwiązanie

Zastąpienie współczynników stałych równaniami (3.31i) daje równanie całkowite w kategoriach nieznanej funkcji $p(t)$. Integralna posiada rozbieżne jądro, które jest rozkładane na pojedyncze i regularne części typu Cauchy-za pomocą asymptotycznego zachowania się jądra. Oceniając pojedynczą część typu Cauchy'ego w formie zamkniętej, $p(t)$ można uzyskać następujące jednostkowe równanie całkowite dla nieznanej funkcji:

$$\frac{1}{\pi}\int_{-a}^{a} p(t)\left[\frac{1}{t-x}+K(x,t)\right]dt=0 \quad (-a<x<a) \tag{3.32}$$

gdzie

$$K(x,t)=\int_{0}^{\infty}\left(\frac{V_1(s,h_1)}{R_1B_{1s}+R_2B_{2s}}+1\right)\sin[s(x-t)]ds \tag{3.33}$$

który jest ograniczony w zamkniętym przedziale czasowym $-a \le x,t \le a$. B1 i B2 są podane w dodatku C. Z równowagi ciosu, możemy również napisać

$$\int_{-a}^{a} p(t)dt = P \tag{3.34}$$

W celu uproszczenia numerycznego rozwiązania pojedynczego równania całkowego, wprowadza się następujące wielkości bezwymiarowe:

$$x=a\xi, \quad t=a\eta, \quad g(\eta)=\frac{p(t)h_1}{P}, \quad \alpha=sh_1 \tag{3.35}$$

Zastępowanie wyrażeń podanych w równaniach (3.35) do równania (3.32) i (3.34) daje następujące wyniki:

$$\frac{1}{\pi}\int_{-1}^{1} g(\eta)\left[\frac{1}{\eta-\xi}+\frac{a}{h_1}K(\xi,\eta)\right]d\eta=0, \quad -1<\xi<1 \tag{3.36}$$

$$\frac{a}{h_1}\int_{-1}^{1} g(\eta)d\eta=1 \tag{3.37}$$

Ponieważ nacisk kontaktowy pod stemplem przechodzi w nieskończoność w narożnikach, tzn. $g(\pm 1)\to\infty$ indeks pojedynczego równania całościowego wynosi [+1 19]. Napisanie rozwiązania jako

$$g(\eta)=\frac{G(\eta)}{\sqrt{1-\eta^2}} \tag{3.38}$$

i przy użyciu odpowiednich wielomianów Gaussa-Chebyszewa [19], równań (3.36) i (3.37) można zastąpić poniższymi:

$$\sum_{i=1}^{N} C_i \left[\frac{1}{\eta_i - \xi_j} + \frac{a}{h_1} K(\xi_j, \eta_i) \right] G(\eta_i) = 0, \quad (j = 1, 2, ..., N-1) \tag{3.39}$$

$$\frac{a}{h_1} \sum_{i=1}^{N} C_i G(\eta_i) = \frac{1}{\pi} \tag{3.40}$$

gdzie

$$C_1 = C_N = \frac{1}{2N-2}, \quad C_k = \frac{1}{N-1}, \quad (k = 2, 3, ..., N-1),$$

$$\eta_i = \cos\left(\frac{i-1}{N-1} \pi \right), \quad (i = 1, 2, ..., N),$$

$$\xi_j = \cos\left(\frac{2j-1}{2N-2} \pi \right), \quad (j = 1, 2, ..., N-1) \tag{3.41}$$

Powyższy system równań stanowi N równań algebraicznych równań dla N niewiadomych $G(\eta_i)$. Po jego rozwiązaniu, możemy łatwo uzyskać znormalizowany nacisk stykowy pod sztywnym stemplem z $p(x)h_1 / P$ wykorzystaniem Równania (3.38).

3.3.3 Wstępny punkt separacji i krytyczny ładunek separacji

W przypadku pojedynczej warstwy o wysokości h pod wpływem własnego ciężaru (patrz rys. 3.17), szczególne rozwiązanie dla naprężeń pionowych $\sigma_{zz}^{(p)}$ można zapisać jako:

$$\sigma_{zz}^{(p)} = -\rho g(h - z) \tag{3.42}$$

Naprężenie stykowe pomiędzy warstwami równa się sumie jednorodnych i poszczególnych rozwiązań w $z = 0$. Tak więc, mamy

$$\sigma_{zz}^{(1)}(x,0) = -\rho_1 g h_1 - \frac{1}{\pi} \int_{-a}^{a} p(t) \int_{0}^{\infty} S_{zz}^{(1)}(s,0) \cos[s(x-t)] ds\, dt \tag{3.43}$$

Stosując równania (3.35), mamy następujące dane dotyczące naprężeń stykowych na styku warstwa - warstwa:

$$\frac{\sigma_{zz}^{(1)}(x,0) h_1}{P} = -\frac{1}{\lambda} - \frac{1}{\pi} \int_{-1}^{1} g(\eta) \frac{a}{h_1} S(x,\eta) d\eta \tag{3.44}$$

gdzie

$$S(x,\eta) = \int_0^\infty S_{zz}^{(1)}(\alpha,0)\cos\left[\left(\frac{x}{h_1} - \frac{a}{h_1}\eta\right)\alpha\right]d\alpha \tag{3.45}$$

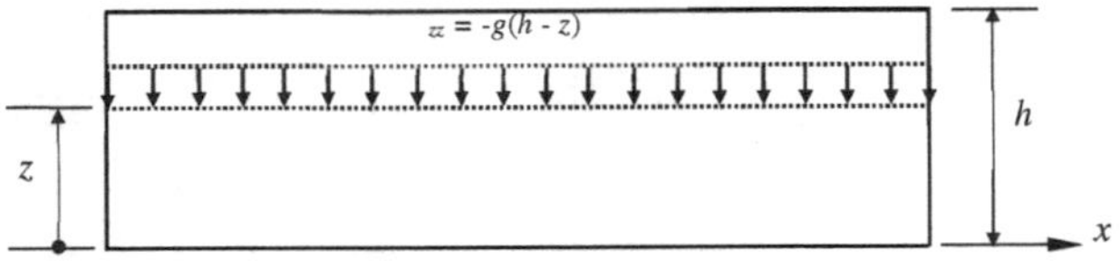

Rys. 3.17 Normalne naprężenia występowały w warstwie w *kierunku z* wzdłuż *osi x ze względu* na grawitację.

W Równaniu (3.44) λ jest to współczynnik obciążenia i można go zdefiniować jako

$$\lambda = \frac{P}{\rho_1 g h_1^2} \tag{3.46}$$

Używając Równania (3.38) i odpowiednich wielomianów Gaussa-Chebyszewa, Równania. (3.44) może zostać zastąpiony przez

$$\frac{\sigma_{zz}^{(1)}(x,0)h_1}{P} = -\frac{1}{\lambda} - \sum_{i=1}^{N} C_i G(\eta_i)\frac{a}{h_1}S(x,\eta_i) \tag{3.47}$$

Aby zapewnić jednostkowe równanie całkowania podane przez równanie (3.32), naprężenie stykowe pomiędzy warstwami musi być wszędzie ściskające. Tak więc, zmiana znaku nie jest dozwolona. Stąd obciążenie krytyczne można obliczyć liczbowo, zrównując równanie równania (3,47) z zerem. Tak więc, mamy

$$\frac{1}{\lambda_{cr}} = -\sum_{i=1}^{N} C_i G(\eta_i)\frac{a}{h_1}S(x,\eta_i) \tag{3.48}$$

gdzie znajduje się współczynnik obciążenia krytycznego, dla którego nastąpi wstępna separacja między warstwami.

3.3.4 Wyniki liczbowe

Beztarciowy problem ciągłego kontaktu dwuwarstwowego elastycznego medium ortotropowego jest rozwiązywany numerycznie. W analizach przyjmuje się te same właściwości materiału dla obu warstw. Ponieważ materiały ortotropowe mają sześć niezależnych stałych sprężystych, należy przeprowadzić badanie parametryczne w zależności od stałych materiałowych. Zakładając, E_{33} / E_{11} że proporcje są zmienne E_{33} / E_{11}, a jednocześnie E_{11} / G_{13} są utrzymywane na stałym poziomie, badany jest jedynie wpływ ortotropii, tj. na wyniki znormalizowanych naprężeń stykowych pod przebiciem i pomiędzy warstwami, a początkowym punktem separacji i odpowiadającym mu krytycznym obciążeniem separacyjnym.

Zmienność początkowego punktu separacji i odpowiadającego mu obciążenia krytycznego E_{33} / E_{11} dla różnych wartości podano a / h_1 odpowiednio na rysunkach 3.18 i 3.19 i $h_2 / h_1 = 1.0$ $G_{13}^{(1)} / G_{13}^{(2)} = 1.0$ zostały one wybrane. Jak widać na rys. 3.18, ponieważ sztywność zginania warstwy górnej wzdłuż *kierunku x* maleje wraz ze wzrostem, E_{33} / E_{11} punkt, w którym nastąpi separacja, zbliża się do stempla (lub *osi z*). Jednak przy wzroście E_{33} / E_{11} obciążeń krytycznych, jak pokazano na rys. 3.19. Możemy również obserwować formy tych liczb, zarówno i x_{cr} / h_1 λ_{cr} rośnie wraz z rosnącą szerokością dziurkacza. W tabeli 3.6 podano początkowe punkty separacji i odpowiadające im obciążenia krytyczne dla różnych i a / h_1 E_{33} / E_{11}. Tutaj możemy również dojść do wniosku, że separacja zawsze zaczyna się dalej od krawędzi przebicia.

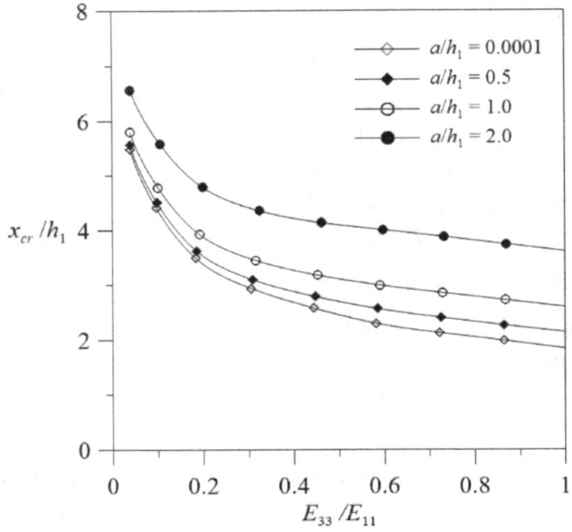

Rys. 3.18 Zmienność początkowego punktu separacji z uwzględnieniem E_{33} / E_{11} różnych wartości granicznych. a / h_1

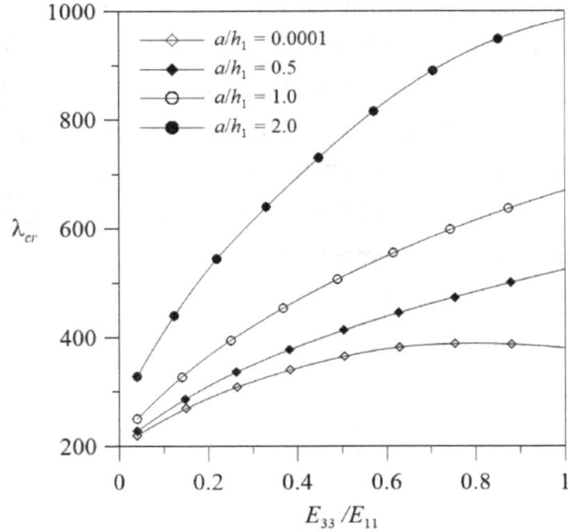

Rys. 3.19 Zmiany obciążenia związanego z separacją krytyczną E_{33} / E_{11} dla różnych rodzajów ładunków. a / h_1

Na rysunkach 3.20 i 3.21 pokazano zmiany początkowego punktu separacji i odpowiadającego mu obciążenia krytycznego odpowiednio E_{33} / E_{11} dla różnych h_2 / h_1 i $a / h_1 = 0.5$ $G_{13}^{(1)} / G_{13}^{(2)} = 1.0$ są one wybrane. Mamy ten sam wynik, o którym mowa powyżej, w odniesieniu do zmienności początkowego punktu separacji i odpowiadających mu obciążeń krytycznych E_{33} / E_{11}. Ponadto, jako h_2 / h_1 wzrosty, zarówno i x_{cr} / h_1 λ_{cr} wzrost, również.

Rys. 3.22 i 3.23 pokazują znormalizowane naprężenia stykowe pod sztywnym stemplem i na styku warstw dla różnych E_{33} / E_{11}. Tutaj, $a / h_1 = 1.0$ i $h_2 / h_1 = 1.0$ $G_{13}^{(1)} / G_{13}^{(2)} = 1.0$ są rozważane. Zgodnie z oczekiwaniami, naprężenia stykowe stają się nieskończone w narożnikach ponczu. Znormalizowane naprężenie stykowe zwiększa się pod stemplem, przy czym zwiększa się ono E_{33} / E_{11} w wyniku zmniejszenia sztywności zginania górnej warstwy w *kierunku x*. Jak widać na rys. 3.23, znormalizowane naprężenie stykowe na styku dwóch warstw gwałtownie spada, gdy $x / h_1 \to \infty$, zgodnie z oczekiwaniami. Im większy E_{33} / E_{11}, tym większy jest maksymalny poziom stresu międzyfazowego. Jak widać, krzywe mają punkty styku na *osi x*, które reprezentują początkowe punkty separacji i zbliżają się do dziurkacza (lub $x = 0$) ze wzrostem, jak E_{33} / E_{11} wcześniej wspomniano. Za punktem, w którym zanika efekt obciążenia zewnętrznego, tylko ciężar górnej warstwy jest skuteczny w przypadku normalnych naprężeń pionowych. W związku z tym znormalizowane naprężenie na styku wynosi 1 i pozostaje stałe poza początkowym punktem separacji.

Tabela 3.6 Zmienność początkowego punktu separacji i odpowiadającego mu obciążenia krytycznego w zależności a/h_1 od (E_{33}/E_{11} $h_2/h_1 = 1.0$, $G_{13}^{(1)}/G_{13}^{(2)} = 1.0$)

a/h_1	E_{33}/E_{11}	x_{cr}/h_1	λ_{cr}
0.0001	0.04	5.4762	219.437
	0.20	3.3809	287.458
	0.40	2.6790	342.947
	0.60	2.2649	378.837
	0.80	2.0479	388.615
	→ 1.00	1.8385	380.077
0.5	0.04	5.5605	227.071
	0.20	3.5296	309.982
	0.40	2.8754	382.818
	0.60	2.5405	438.657
	0.80	2.3253	484.082
	→ 1.00	2.1365	524.833
1.0	0.04	5.7983	249.277
	0.20	3.8793	365.952
	0.40	3.2643	468.579
	0.60	2.9762	549.235
	0.80	2.7818	615.281
	→ 1.00	2.5911	670.156
2.0	0.04	6.5717	326.976
	0.20	4.7809	525.533
	0.40	4.2138	694.122
	0.60	3.9972	833.138
	0.80	3.8079	931.439
	→ 1.00	3.6057	984.904

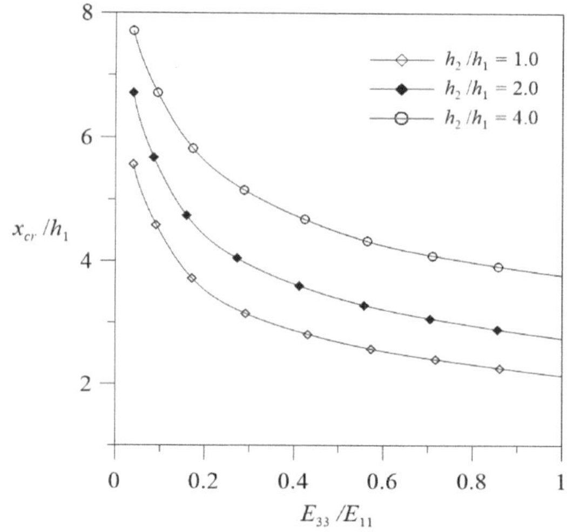

Rys. 3.20 Zmiana początkowego punktu separacji z uwzględnieniem E_{33} / E_{11} różnych wartości granicznych. h_2 / h_1

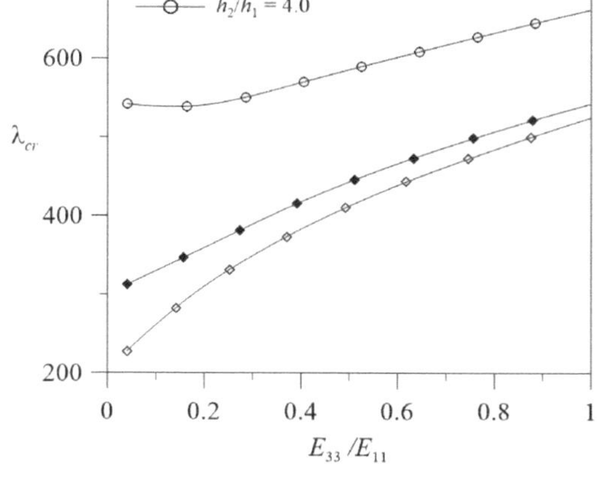

Rys. 3.21 Różnice obciążeń krytycznych przy E_{33} / E_{11} różnych prędkościach obrotowych. h_2 / h_1

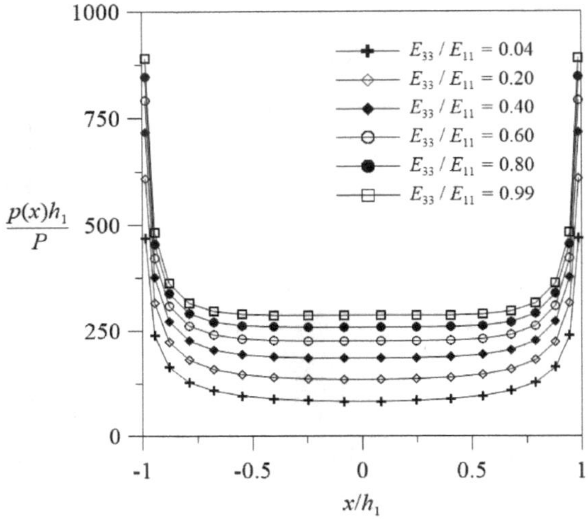

Rys. 3.22 Znormalizowane naprężenia stykowe pod dziurkaczem dla różnych rodzajów naprężeń E_{33} / E_{11}

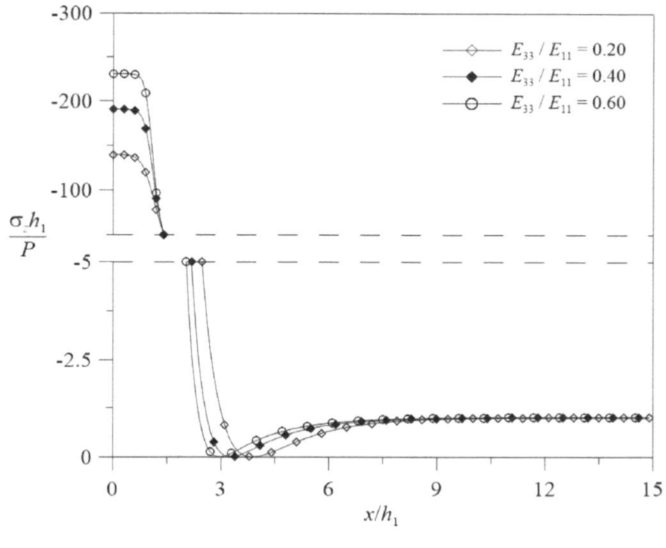

Rys. 3.23 Znormalizowane naprężenia stykowe między warstwami dla różnych rodzajów obciążeń E_{33} / E_{11}

3.3.5 Wnioski

Beztarciowy problem ciągłego kontaktu dwuwarstwowego elastycznego medium ortotropowego obciążonego skoncentrowaną siłą przez sztywny płaski stempel jest rozwiązywany numerycznie. Według badań:

1. Gdy obciążenie zewnętrzne przekroczy wartość krytyczną, nastąpi separacja pomiędzy powierzchniami styku.
2. Początkowy punkt separacji zawsze występuje poza krawędziami stempla i zbliża się do stempla, gdy efekt ortotropii E_{33} / E_{11}, tzn. E_{33} / E_{11} wzrasta. Jednak wraz ze wzrostem obciążenia krytycznego wzrasta obciążenie krytyczne.
3. Naprężenia kontaktowe pod stemplem zwiększają się wraz ze wzrostem. E_{33} / E_{11}
4. W miarę wzrostu E_{33} / E_{11} uzyskano większe naprężenia międzyfazowe w maksimum.

ZASTOSOWANIA

Dodatek A

Dla częściowego zamknięcia problemu anizotropowej warstwy elastycznej, poniżej podano wyraźne wyrażenia $k_{11}(x,t)\, k_{22}(x)$, , współczynniki stałe $A_j^P\ B_j^P$, , , A_j^F , B_j^F $(j=1,2,3)$ i inne powiązane ilości.

A1 Walizka materiałowa monokliniczna

$$k_{11}(x,t)=\left[\frac{1}{\Delta_2}\sum_{j=1}^{3}\kappa_j(A_j^F+B_j^F)\right]+1, \qquad k_{22}(x)=2\sum_{j=1}^{3}\kappa_j A_j^P \tag{A1}$$

gdzie

$$A_1^P=B_1^P=-\frac{1}{\Delta}Y_1e^{-\lambda_1 sh}(1-e^{-2\lambda_2 sh})(1-e^{-2\lambda_3 sh}),$$

$$A_2^P=B_2^P=\frac{1}{\Delta}Y_2e^{-\lambda_2 sh}(1-e^{-2\lambda_1 sh})(1-e^{-2\lambda_3 sh}),$$

$$A_3^P=B_3^P=-\frac{1}{\Delta}Y_3e^{-\lambda_3 sh}(1-e^{-2\lambda_1 sh})(1-e^{-2\lambda_2 sh}),$$

$$A_1^F=-\frac{1}{\Delta_1\Delta}Y_1[-\beta_1A_{11}-\beta_2A_{12}+\beta_3A_{13}],$$

$$A_2^F=-\frac{1}{\Delta_1\Delta}Y_2[-\beta_1A_{21}+\beta_2A_{22}+\beta_3A_{23}],$$

$$A_3^F=-\frac{1}{\Delta_1\Delta}Y_3[-\beta_1A_{31}+\beta_2A_{32}+\beta_3A_{33}],$$

$$B_1^F=\frac{1}{\Delta_1\Delta}Y_1[\beta_1B_{11}-\beta_2B_{12}+\beta_3B_{13}] \tag{A2}$$

$$B_2^F = \frac{1}{\Delta_1\Delta} Y_2[-\beta_1 B_{21} + \beta_2 B_{22} - \beta_3 B_{23}],$$

$$B_3^F = \frac{1}{\Delta_1\Delta} Y_3[\beta_1 B_{31} - \beta_2 B_{32} + \beta_3 B_{33}] \qquad \text{(A2 cont'd)}$$

gdzie

$$A_{11} = (1-e^{-2\lambda_3 sh})(e^{-2(\lambda_1+\lambda_2)sh} + e^{-2\lambda_1 sh} - 2e^{-(\lambda_1+\lambda_2)sh})\kappa_2\gamma_3$$
$$-(1-e^{-2\lambda_2 sh})(e^{-2(\lambda_1+\lambda_3)sh} + e^{-2\lambda_1 sh} - 2e^{-(\lambda_1+\lambda_3)sh})\kappa_3\gamma_2,$$

$$A_{12} = (1-e^{-2\lambda_2 sh})[(e^{-2\lambda_1 sh} - e^{-2(\lambda_1+\lambda_3)sh})\kappa_1\gamma_3$$
$$+(e^{-2(\lambda_1+\lambda_3)sh} + e^{-2\lambda_1 sh} - 2e^{-(\lambda_1+\lambda_3)sh})\kappa_3\gamma_1],$$

$$A_{13} = (1-e^{-2\lambda_3 sh})[(e^{-2\lambda_1 sh} - e^{-2(\lambda_1+\lambda_2)sh})\kappa_1\gamma_2$$
$$+(e^{-2(\lambda_1+\lambda_2)sh} + e^{-2\lambda_1 sh} - 2e^{-(\lambda_1+\lambda_2)sh})\kappa_2\gamma_1],$$

$$A_{21} = (1-e^{-2\lambda_1 sh})[(e^{-2\lambda_2 sh} - e^{-2(\lambda_2+\lambda_3)sh})\kappa_2\gamma_3$$
$$+(e^{-2(\lambda_2+\lambda_3)sh} + e^{-2\lambda_2 sh} - 2e^{-(\lambda_2+\lambda_3)sh})\kappa_3\gamma_2],$$

$$A_{22} = -(1-e^{-2\lambda_3 sh})(e^{-2(\lambda_1+\lambda_2)sh} + e^{-2\lambda_2 sh} - 2e^{-(\lambda_1+\lambda_2)sh})\kappa_1\gamma_3$$
$$+(1-e^{-2\lambda_1 sh})(e^{-2(\lambda_2+\lambda_3)sh} + e^{-2\lambda_2 sh} - 2e^{-(\lambda_2+\lambda_3)sh})\kappa_3\gamma_1,$$

$$A_{23} = (1-e^{-2\lambda_3 sh})[(e^{-2(\lambda_1+\lambda_2)sh} + e^{-2\lambda_2 sh} - 2e^{-(\lambda_1+\lambda_2)sh})\kappa_1\gamma_2$$
$$+(e^{-2\lambda_2 sh} - e^{-2(\lambda_1+\lambda_2)sh})\kappa_2\gamma_1],$$

$$A_{31} = (1-e^{-2\lambda_1 sh})[(e^{-2(\lambda_2+\lambda_3)sh} + e^{-2\lambda_3 sh} - 2e^{-(\lambda_2+\lambda_3)sh})\kappa_2\gamma_3$$
$$+(e^{-2\lambda_3 sh} - e^{-2(\lambda_2+\lambda_3)sh})\kappa_3\gamma_2],$$

$$A_{32} = (1-e^{-2\lambda_2 sh})[(e^{-2(\lambda_1+\lambda_3)sh} + e^{-2\lambda_3 sh} - 2e^{-(\lambda_1+\lambda_3)sh})\kappa_1\gamma_3$$
$$+(e^{-2\lambda_3 sh} - e^{-2(\lambda_1+\lambda_3)sh})\kappa_3\gamma_1],$$

$$A_{33} = -(1-e^{-2\lambda_2 sh})(e^{-2(\lambda_1+\lambda_3)sh} + e^{-2\lambda_3 sh} - 2e^{-(\lambda_1+\lambda_3)sh})\kappa_1\gamma_2$$
$$+(1-e^{-2\lambda_1 sh})(e^{-2(\lambda_2+\lambda_3)sh} + e^{-2\lambda_3 sh} - 2e^{-(\lambda_2+\lambda_3)sh})\kappa_2\gamma_1,$$

$$B_{11} = 2\kappa_2\gamma_3(e^{-(\lambda_1+\lambda_2+2\lambda_3)sh} - e^{-(\lambda_1+\lambda_2)sh}) - 2\kappa_3\gamma_2(e^{-(\lambda_1+2\lambda_2+\lambda_3)sh} - e^{-(\lambda_1+\lambda_3)sh})$$
$$+(\kappa_2\gamma_3 - \kappa_3\gamma_2)(1-e^{-2(\lambda_2+\lambda_3)sh}) - (\kappa_2\gamma_3 + \kappa_3\gamma_2)(e^{-2\lambda_3 sh} - e^{-2\lambda_2 sh}),$$

$$B_{12} = (1-e^{-2\lambda_2 sh})[2\kappa_3\gamma_1 e^{-(\lambda_1+\lambda_3)sh} + (\kappa_1\gamma_3 - \kappa_3\gamma_1) - (\kappa_1\gamma_3 + \kappa_3\gamma_1)e^{-2\lambda_3 sh}],$$

$$B_{13} = (1-e^{-2\lambda_3 sh})[2\kappa_2\gamma_1 e^{-(\lambda_1+\lambda_2)sh} + (\kappa_1\gamma_2 - \kappa_2\gamma_1) - (\kappa_1\gamma_2 + \kappa_2\gamma_1)e^{-2\lambda_2 sh}],$$

$$B_{21} = (1-e^{-2\lambda_1 sh})[2\kappa_3\gamma_2 e^{-(\lambda_2+\lambda_3)sh} + (\kappa_2\gamma_3 - \kappa_3\gamma_2) - (\kappa_2\gamma_3 + \kappa_3\gamma_2)e^{-2\lambda_3 sh}],$$

(A3)

$$B_{22}=2\kappa_1\gamma_3(e^{-(\lambda_1+\lambda_2+2\lambda_3)sh}-e^{-(\lambda_1+\lambda_2)sh})-2\kappa_3\gamma_1(e^{-(2\lambda_1+\lambda_2+\lambda_3)sh}-e^{-(\lambda_2+\lambda_3)sh})$$
$$+(\kappa_1\gamma_3-\kappa_3\gamma_1)(1-e^{-2(\lambda_1+\lambda_3)sh})-(\kappa_1\gamma_3+\kappa_3\gamma_1)(e^{-2\lambda_3 sh}-e^{-2\lambda_1 sh}),$$
$$B_{23}=(1-e^{-2\lambda_3 sh})[-2\kappa_1\gamma_2 e^{-(\lambda_1+\lambda_2)sh}+(\kappa_1\gamma_2-\kappa_2\gamma_1)+(\kappa_1\gamma_2+\kappa_2\gamma_1)e^{-2\lambda_1 sh}],$$
$$B_{31}=(1-e^{-2\lambda_1 sh})[-2\kappa_2\gamma_3 e^{-(\lambda_2+\lambda_3)sh}+(\kappa_2\gamma_3-\kappa_3\gamma_2)+(\kappa_2\gamma_3+\kappa_3\gamma_2)e^{-2\lambda_2 sh}],$$
$$B_{32}=(1-e^{-2\lambda_2 sh})[-2\kappa_1\gamma_3 e^{-(\lambda_1+\lambda_3)sh}+(\kappa_1\gamma_3-\kappa_3\gamma_1)+(\kappa_1\gamma_3+\kappa_3\gamma_1)e^{-2\lambda_1 sh}],$$
$$B_{33}=2\kappa_1\gamma_2(e^{-(\lambda_1+2\lambda_2+\lambda_3)sh}-e^{-(\lambda_1+\lambda_3)sh})-2\kappa_2\gamma_1(e^{-(2\lambda_1+\lambda_2+\lambda_3)sh}-e^{-(\lambda_2+\lambda_3)sh})$$
$$+(\kappa_1\gamma_2-\kappa_2\gamma_1)(1-e^{-2(\lambda_1+\lambda_2)sh})-(\kappa_1\gamma_2+\kappa_2\gamma_1)(e^{-2\lambda_2 sh}-e^{-2\lambda_1 sh})$$

(A3 cont'd)

gdzie

$$\Delta_1=R_1Y_1-R_2Y_2+R_3Y_3\ \Delta_2=\kappa_1Y_1-\kappa_2Y_2+\kappa_3Y_3,\ ,$$
$$\Delta=-\{\beta_1(1-e^{-2\lambda_1 sh})[(1+e^{-2\lambda_2 sh})(1-e^{-2\lambda_3 sh})\kappa_2\gamma_3$$
$$-(1+e^{-2\lambda_3 sh})(1-e^{-2\lambda_2 sh})\kappa_3\gamma_2]$$
$$-\beta_2(1-e^{-2\lambda_2 sh})[(1+e^{-2\lambda_1 sh})(1-e^{-2\lambda_3 sh})\kappa_1\gamma_3$$
$$-(1+e^{-2\lambda_3 sh})(1-e^{-2\lambda_1 sh})\kappa_3\gamma_1]$$
$$+\beta_3(1-e^{-2\lambda_3 sh})[(1+e^{-2\lambda_1 sh})(1-e^{-2\lambda_2 sh})\kappa_1\gamma_2$$
$$-(1+e^{-2\lambda_2 sh})(1-e^{-2\lambda_1 sh})\kappa_2\gamma_1]\},$$
$$Y_1=\beta_3\gamma_2-\beta_2\gamma_3,\ ,\quad Y_2=\beta_3\gamma_1-\beta_1\gamma_3\ Y_3=\beta_2\gamma_1-\beta_1\gamma_2\ ,$$
$$\kappa_j=\bar{C}_{33}\lambda_jR_j-\bar{C}_{13}-\bar{C}_{36}L_j\ \gamma_j=\bar{C}_{44}\lambda_jL_j+\bar{C}_{45}(R_j+\lambda_j),\quad ,$$
$$\beta_j=\bar{C}_{45}\lambda_jL_j+\bar{C}_{55}(R_j+\lambda_j),\quad (j=1,2,3) \qquad \text{(A4)}$$

A2 Ortotropowa obudowa materiałowa z materiału ortopedycznego

$$k_{11}(x,t)=\left[\frac{1}{\Delta_2}\sum_{j=1}^{2}\kappa_j(A_j^F+B_j^F)\right]+1,\qquad k_{22}(x)=2\sum_{j=1}^{2}\kappa_jA_j^P \qquad \text{(A5)}$$

gdzie

$$A_1^P=B_1^P=-\frac{1}{\Delta}\beta_2e^{-\lambda_1 sh}(1-e^{-2\lambda_2 sh})(1-e^{-2\lambda_3 sh}),$$
$$A_2^P=B_2^P=\frac{1}{\Delta}\beta_1e^{-\lambda_2 sh}(1-e^{-2\lambda_1 sh})(1-e^{-2\lambda_3 sh})\ A_3^P=B_3^P=0,\quad ,$$
$$A_1^F=-\frac{1}{\Delta_1\Delta}\beta_2(1-e^{-2\lambda_3 sh})[(e^{-2\lambda_1 sh}-e^{-2(\lambda_1+\lambda_2)sh})\kappa_1\beta_2$$
$$+(e^{-2(\lambda_1+\lambda_2)sh}+e^{-2\lambda_1 sh}-2e^{-(\lambda_1+\lambda_2)sh})\kappa_2\beta_1], \qquad \text{(A6)}$$

$$A_2^F = -\frac{1}{\Delta_1\Delta}\beta_1(1-e^{-2\lambda_3 sh})[(e^{-2(\lambda_1+\lambda_2)sh} + e^{-2\lambda_2 sh} - 2e^{-(\lambda_1+\lambda_2)sh})\kappa_1\beta_2$$
$$+(e^{-2\lambda_2 sh} - e^{-2(\lambda_1+\lambda_2)sh})\kappa_2\beta_1],$$
$$B_1^F = \frac{1}{\Delta_1\Delta}\beta_2(1-e^{-2\lambda_3 sh})[(1-e^{-2\lambda_2 sh})\kappa_1\beta_2 - (1+e^{-2\lambda_2 sh} - 2e^{-(\lambda_1+\lambda_2)sh})\kappa_2\beta_1],$$
$$B_2^F = \frac{1}{\Delta_1\Delta}\beta_1(1-e^{-2\lambda_3 sh})[-(1+e^{-2\lambda_1 sh} - 2e^{-(\lambda_1+\lambda_2)sh})\kappa_1\beta_2$$
$$+(1-e^{-2\lambda_1 sh})\kappa_2\beta_1],$$
$$A_3^F = B_3^F = 0 \qquad \text{(A6 cont'd)}$$
gdzie
$$\Delta_1 = R_1\beta_2 - R_2\beta_1 \; \Delta_2 = \kappa_1\beta_2 - \kappa_2\beta_1, \quad ,$$
$$\Delta = -(1-e^{-2\lambda_3 sh})[(1+e^{-2\lambda_1 sh})(1-e^{-2\lambda_2 sh})\kappa_1\beta_2$$
$$-(1+e^{-2\lambda_2 sh})(1-e^{-2\lambda_1 sh})\kappa_2\beta_1],$$
$$\kappa_j = \overline{C}_{33}\lambda_j R_j - \overline{C}_{13}, \quad \beta_j = \overline{C}_{55}(R_j + \lambda_j), \quad (j=1,2) \qquad \text{(A7)}$$

A3 Przestawienie izotropowej obudowy materiałowej poprzecznie izotropowej

$$k_{11}(x,t) = \frac{1}{\Delta_2}\left[2\overline{C}_{55}(A_1^F + B_1^F) + \frac{\overline{C}_{11}(1+R)}{s}(A_2^F - B_2^F)\right] + 1,$$
$$k_{22}(x) = 2\left[2\overline{C}_{55}A_1^P + \frac{\overline{C}_{11}(1+R)}{s}A_2^P\right] \qquad \text{(A8)}$$

gdzie,

$$A_1^P = B_1^P = \frac{1}{\Delta}(1-R)(1-e^{-2sh})e^{-sh}[-(1+R-2sh)e^{-2sh} + (1+R+2sh)],$$
$$A_2^P = -B_2^P = -\frac{1}{\Delta}2s(1-R)(1-e^{-2sh})^2 e^{-sh} \; A_3^P = B_3^P = 0, \quad ,$$
$$A_1^F = \frac{1}{\Delta}2(1-e^{-2sh})e^{-2sh}[(\overline{C}_{55} - \overline{C}_{11})(1+R)^2(1-e^{-2sh})$$
$$+4\overline{C}_{55}sh(1+R+2sh)],$$
$$A_2^F = \frac{1}{\Delta}4s(1-e^{-2sh})e^{-2sh}[(\overline{C}_{11} - \overline{C}_{55})(1+R)(1-e^{-2sh}) - 4\overline{C}_{55}sh] \qquad \text{,(A9)}$$

$$B_1^F = \frac{1}{\Delta} 2(1 - e^{-2sh})[(\overline{C}_{11} - \overline{C}_{55})(1 + R)^2 (1 - e^{-2sh})$$
$$-4\overline{C}_{55} sh(1 + R - 2sh) e^{-2sh}],$$
$$B_2^F = \frac{1}{\Delta} 4s(1 - e^{-2sh})[(\overline{C}_{11} - \overline{C}_{55})(1 + R)(1 - e^{-2sh}) - 4\overline{C}_{55} she^{-2sh}],$$
$$A_3^F = B_3^F = 0 \qquad \text{(A9 cont'd)}$$

gdzie

$$\Delta_1 = 1 \; \Delta_2 = \frac{2(1+R)}{1-R}(\overline{C}_{55} - \overline{C}_{11}), \quad ,$$
$$\Delta = -2(1 - e^{-2sh})(1 - R)[(\overline{C}_{11} - \overline{C}_{55})(1 + R)(1 - e^{-4sh}) - 8\overline{C}_{55} she^{-2sh}] \quad \text{(A10)}$$

Załącznik B

Dla ustąpienia problemu kontaktu z medium anizotropowym, wyraźne wyrażenia nieznanych współczynników stałych oraz A_j B_j dla warstwy pojawiającej się w zależności od stresu i przemieszczenia zapisywane są następująco:

$$A_j = A_j^{p1} + A_j^{p2}, \quad B_j = B_j^{p1} + B_j^{p2}, \quad (j = 1,2,3) \qquad \text{(B1)}$$

gdzie A_j^{p1}, A_j^{p2} i B_j^{p1} są otrzymywane z następujących równań matrycowych:

$$\begin{aligned} \{A_1^{p1} \quad A_2^{p1} \quad A_3^{p1} \quad B_1^{p1} \quad B_2^{p1} \quad B_3^{p1}\}^{\mathrm{T}} &= \\ &[M]^{-1}\{P_1(s) \quad 0 \quad 0 \quad 0 \quad 0 \quad 0\}^{\mathrm{T}}, \\ \{A_1^{p2} \quad A_2^{p2} \quad A_3^{p2} \quad B_1^{p2} \quad B_2^{p2} \quad B_3^{p2}\}^{\mathrm{T}} &= \\ &[M]^{-1}\{0 \quad 0 \quad 0 \quad P_2(s) \quad 0 \quad 0\}^{\mathrm{T}} \end{aligned} \qquad \text{(B2)}$$

gdzie

$$P_1(s) = -\int_{-a}^{a} \frac{p_1(t)}{is} e^{ist} dt, \quad P_2(s) = -\int_{-b}^{b} \frac{p_2(t)}{is} e^{ist} dt \qquad \text{(B3)}$$

Dla każdego przypadku właściwości materiału matryca M jest zdefiniowana w następujący sposób:

B1 Walizka materiałowa monokliniczna

$$[M] = \begin{bmatrix} \kappa_1 e^{\lambda_1 sh} & \kappa_2 e^{\lambda_2 sh} & \kappa_3 e^{\lambda_3 sh} & \kappa_1 e^{-\lambda_1 sh} & \kappa_2 e^{-\lambda_2 sh} & \kappa_3 e^{-\lambda_3 sh} \\ \gamma_1 e^{\lambda_1 sh} & \gamma_2 e^{\lambda_2 sh} & \gamma_3 e^{\lambda_3 sh} & -\gamma_1 e^{-\lambda_1 sh} & -\gamma_2 e^{-\lambda_2 sh} & -\gamma_3 e^{-\lambda_3 sh} \\ \beta_1 e^{\lambda_1 sh} & \beta_2 e^{\lambda_2 sh} & \beta_3 e^{\lambda_3 sh} & -\beta_1 e^{-\lambda_1 sh} & -\beta_2 e^{-\lambda_2 sh} & -\beta_3 e^{-\lambda_3 sh} \\ \kappa_1 & \kappa_2 & \kappa_3 & \kappa_1 & \kappa_2 & \kappa_3 \\ \gamma_1 & \gamma_2 & \gamma_3 & -\gamma_1 & -\gamma_2 & -\gamma_3 \\ \beta_1 & \beta_2 & \beta_3 & -\beta_1 & -\beta_2 & -\beta_3 \end{bmatrix} \qquad \text{(B4)}$$

gdzie

$$\begin{aligned} &\kappa_j = \bar{C}_{33}\lambda_j R_j - \bar{C}_{13} - \bar{C}_{36} L_j, \quad \gamma_j = \bar{C}_{44}\lambda_j L_j + \bar{C}_{45}(R_j + \lambda_j), \\ &\beta_j = \bar{C}_{45}\lambda_j L_j + \bar{C}_{55}(R_j + \lambda_j), \quad (j = 1,2,3) \end{aligned} \qquad \text{(B5)}$$

B2 Ortotropowy walizka materiałowa

$$[M]=\begin{bmatrix} \kappa_1 e^{\lambda_1 sh} & \kappa_2 e^{\lambda_2 sh} & 0 & \kappa_1 e^{-\lambda_1 sh} & \kappa_2 e^{-\lambda_2 sh} & 0 \\ 0 & 0 & e^{\lambda_3 sh} & 0 & 0 & -e^{-\lambda_3 sh} \\ \beta_1 e^{\lambda_1 sh} & \beta_2 e^{\lambda_2 sh} & 0 & -\beta_1 e^{-\lambda_1 sh} & -\beta_2 e^{-\lambda_2 sh} & 0 \\ \kappa_1 & \kappa_2 & 0 & \kappa_1 & \kappa_2 & 0 \\ 0 & 0 & 1 & 0 & 0 & -1 \\ \beta_1 & \beta_2 & 0 & -\beta_1 & -\beta_2 & 0 \end{bmatrix} \tag{B6}$$

gdzie

$$\kappa_j = \overline{C}_{33}\lambda_j R_j - \overline{C}_{13}, \quad \beta_j = \overline{C}_{55}(R_j + \lambda_j) \quad (j = 1,2) \tag{B7}$$

B3 Transwersalnie izotropowa obudowa materiałowa

$$[M]=\begin{bmatrix} 2\overline{C}_{55}e^{sh} & \kappa_1 e^{sh} & 0 & 2\overline{C}_{55}e^{-sh} & \kappa_2 e^{-sh} & 0 \\ 0 & 0 & e^{sh} & 0 & 0 & -e^{-sh} \\ 2e^{sh} & \beta_1 e^{sh} & 0 & -2e^{-sh} & -\beta_2 e^{-sh} & 0 \\ 2\overline{C}_{55} & \kappa_3 & 0 & 2\overline{C}_{55} & -\kappa_3 & 0 \\ 0 & 0 & 1 & 0 & 0 & -1 \\ 2 & \beta_3 & 0 & -2 & \beta_3 & 0 \end{bmatrix} \tag{B8}$$

gdzie

$$\kappa_1 = 2\overline{C}_{55}h + \frac{\overline{C}_{11}(1+R)}{s}, \quad \kappa_2 = 2\overline{C}_{55}h - \frac{\overline{C}_{11}(1+R)}{s},$$

$$\kappa_3 = \frac{\overline{C}_{11}(1+R)}{s}, \quad \beta_1 = 2h + \frac{(1+R)}{s},$$

$$\beta_2 = -2h + \frac{(1+R)}{s}, \quad \beta_3 = \frac{1+R}{s} \tag{B10}$$

Wyrażenia ziaren $k_{11}(x,t)$, $k_{12}(x,t)$, $k_{21}(x,t)$, $k_{22}(x,t)$ Δ_1, , i pojawiające się w Δ_2 równaniach (3.21) są następujące:

B4 Sprawa materiałowa monokliniczna

$$k_{11}(x,t)=\left[\frac{\Delta_1}{\Delta_2}\sum_{j=1}^{3}R_j(A_j^{p1}/e^{-\lambda_j sh}-B_j^{p1}e^{-\lambda_j sh})\right]-1,$$

$$k_{12}(x,t)=\frac{\Delta_1}{\Delta_2}\sum_{j=1}^{3}R_j(A_j^{p2}/e^{-\lambda_j sh}-B_j^{p2}e^{-\lambda_j sh}),$$

$$k_{21}(x,t)=-\frac{\Delta_1}{\Delta_2}\sum_{j=1}^{3}R_j(A_j^{p1}-B_j^{p1}),$$

$$k_{22}(x,t)=\left[-\frac{\Delta_1}{\Delta_2}\sum_{j=1}^{3}R_j(A_j^{p2}-B_j^{p2})\right]-1 \qquad \text{(B11)}$$

gdzie

$$\Delta_1=\kappa_1 Y_1-\kappa_2 Y_2+\kappa_3 Y_3,\quad \Delta_2=R_1 Y_1-R_2 Y_2+R_3 Y_3 \qquad \text{(B12)}$$

$$Y_1=\beta_3\gamma_2-\beta_2\gamma_3,\quad Y_2=\beta_3\gamma_1-\beta_1\gamma_3,\quad Y_3=\beta_2\gamma_1-\beta_1\gamma_2 \qquad \text{(B13)}$$

B5 Skrzynia materiałowa ortotropowa

$$k_{11}(x,t)=\left[\frac{\Delta_1}{\Delta_2}\sum_{j=1}^{2}R_j(A_j^{p1}/e^{-\lambda_j sh}-B_j^{p1}e^{-\lambda_j sh})\right]-1,$$

$$k_{12}(x,t)=\frac{\Delta_1}{\Delta_2}\sum_{j=1}^{2}R_j(A_j^{p2}/e^{-\lambda_j sh}-B_j^{p2}e^{-\lambda_j sh}),$$

$$k_{21}(x,t)=-\frac{\Delta_1}{\Delta_2}\sum_{j=1}^{2}R_j(A_j^{p1}-B_j^{p1}),$$

$$k_{22}(x,t)=\left[-\frac{\Delta_1}{\Delta_2}\sum_{j=1}^{2}R_j(A_j^{p2}-B_j^{p2})\right]-1 \qquad \text{(B14)}$$

gdzie

$$\Delta_1=\kappa_1\beta_2-\kappa_2\beta_1,\quad \Delta_2=R_1\beta_2-R_2\beta_1 \qquad \text{(B15)}$$

B6 Obudowa materiałowa poprzecznie izotropowa z materiału

$$k_{11}(x,t)=\frac{\Delta_1}{\Delta_2}\left\{\left[A_1^{p1}+(h+\frac{R}{s})A_2^{p1}\right]e^{sh}+\left[-B_1^{p1}+(-h+\frac{R}{s})B_2^{p1}\right]e^{-sh}\right\}-1,$$

$$k_{12}(x,t)=\frac{\Delta_1}{\Delta_2}\left\{\left[A_1^{p2}+(h+\frac{R}{s})A_2^{p2}\right]e^{sh}+\left[-B_1^{p2}+(-h+\frac{R}{s})B_2^{p2}\right]e^{-sh}\right\},$$

(B16)

$$k_{21}(x,t) = -\frac{\Delta_1}{\Delta_2}\left\{A_1^{p1} + (h+\frac{R}{s})A_2^{p1} - B_1^{p1} + (-h+\frac{R}{s})B_2^{p1}\right\},$$

$$k_{22}(x,t) = -\frac{\Delta_1}{\Delta_2}\left\{A_1^{p2} + (h+\frac{R}{s})A_2^{p2} - B_1^{p2} + (-h+\frac{R}{s})B_2^{p2}\right\} - 1$$

(B16 cont'd)

gdzie

$$\Delta_1 = -2(1+R)(\overline{C}_{11} - \overline{C}_{55}), \quad \Delta_2 = 1 - R \tag{B17}$$

Dla półpłaszczyzny, można łatwo uzyskać wyrażenia $\Delta_j^* \ (j=1,2)$ z zastąpieniem stałych materiałowych dla warstwy przez te dla półpłaszczyzny w wyrażeniach $\Delta_j \ (j=1,2)$.

Załącznik C

Osiem nieznanych współczynników pojawiających się w wyrażeniach przemieszczenia i naprężeń można łatwo uzyskać poprzez rozwiązanie następującego równania macierzowego.

$$\mathbf{Ka} = \mathbf{f} \tag{C1}$$

gdzie

$$\mathbf{a} = \{A_1 \quad A_2 \quad B_1 \quad B_2 \quad A_3 \quad A_4 \quad B_3 \quad B_4\}^{\mathrm{T}} \tag{C2}$$

$$\mathbf{f} = \{P(s) \quad 0 \quad 0 \quad 0 \quad 0 \quad 0 \quad 0 \quad 0\}^{\mathrm{T}} \tag{C3}$$

$$\mathbf{K} = \begin{bmatrix} M_1 e^{\lambda_1 s h_1} & M_2 e^{\lambda_2 s h_1} & M_1 e^{-\lambda_1 s h_1} & M_2 e^{-\lambda_2 s h_1} & 0 & 0 & 0 & 0 \\ N_1 e^{\lambda_1 s h_1} & N_2 e^{\lambda_2 s h_1} & -N_1 e^{-\lambda_1 s h_1} & -N_2 e^{-\lambda_2 s h_1} & 0 & 0 & 0 & 0 \\ N_1 & N_2 & -N_1 & -N_2 & 0 & 0 & 0 & 0 \\ R_1 & R_2 & -R_1 & -R_2 & -R_3 & -R_4 & R_3 & R_4 \\ M_1 & M_2 & M_1 & M_2 & -M_3 & -M_4 & -M_3 & -M_4 \\ 0 & 0 & 0 & 0 & N_3 e^{-\lambda_3 s h_2} & N_4 e^{-\lambda_4 s h_2} & -N_3 e^{\lambda_3 s h_2} & -N_4 e^{\lambda_4 s h_2} \\ 0 & 0 & 0 & 0 & e^{-\lambda_3 s h_2} & e^{-\lambda_4 s h_2} & e^{\lambda_3 s h_2} & e^{\lambda_4 s h_2} \\ 0 & 0 & 0 & 0 & R_3 e^{-\lambda_3 s h_2} & R_4 e^{-\lambda_4 s h_2} & -R_3 e^{\lambda_3 s h_2} & -R_4 e^{\lambda_4 s h_2} \end{bmatrix} \tag{C4}$$

$$P(s) = -\int_{-a}^{a} \frac{p(t)}{s} e^{-ist} dt \tag{C5}$$

gdzie indeksy 1 i 2 reprezentują ilości dla warstwy górnej, a 3 i 4 ilości dla warstwy dolnej. Terminy $B_{js} \ (j=1,2)$ można łatwo uzyskać za pomocą asymptotycznego zachowania współczynników jako $B_j \ (j=1,2) \ \xi \to \infty$.

REFERENCJE

1. Lekhnitskii SG. Teoria sprężystości ciała anizotropowego. Holden Day Inc., San Fransisco, 1963.
2. Jones RM. Mechanika materiałów kompozytowych. Hemisphere Publishing Corporation, Nowy Jork, 1975.
3. Tsai SW., Hahn H.T. Wprowadzenie do materiałów kompozytowych. Technomic Press, Lancaster, Penn, 1980.
4. Reddy JN. Mechanika laminowanych płyt kompozytowych: Teoria i analiza. CRC Press, Nowy Jork, 1997.
5. Sneddon IN. Fourier Transforms, McGraw-Hill, Nowy Jork, 1951.
6. Kahya V, Birinci A, Ozsahin TS, Erdol R. Częściowe zamknięcie pęknięcia znajdującego się w anizotropowej nieskończonej warstwie elastycznej. Europejski Dziennik Mechaniki A: "Solids", 25, 819-833 2006.
7. Kahya V, Ozsahin TS, Birinci A, Erdol R. Oddalający się problem kontaktu z elastycznym podłożem anizotropowym składającym się z warstwy i półpłaszczyzny. International Journal of Solids and Structures, 44, 5695-5710, 2007.
8. Kahya V, Birinci A, Erdol R. Problem beztarciowego kontaktu pomiędzy dwoma ortotropowymi warstwami sprężystymi. WASET International Journal of Civil, Architectural, Structural and Construction Engineering, 1(1), 7-13, 2007.
9. Burniston EE. Przykład częściowo zamkniętego pęknięcia Griffitha. International Journal of Fracture Mechanics, 51, 17-24, 1969.
10. Tweed J. Określenie współczynnika intensywności naprężeń częściowo zamkniętej szczeliny Griffitha. International Journal of Engineering Science, 8, 793-803, 1970.
11. Burniston EE., Gurley WQ. Wpływ częściowego zamknięcia na współczynnik intensywności naprężeń pęknięcia Griffitha otwieranego przez rozkład ciśnienia parabolicznego. International Journal of Fracture Mechanics, 9, 9-19, 1973.
12. Aksogan O. Częściowe zamknięcie pęknięcia Griffitha pod ogólnym obciążeniem. International Journal of Fracture, 114, 659-670, 1975.

13. Aksogan O. Niejednorodne niesymetryczne problemy płaskie z kilkoma pęknięciami Griffitha, jedno lub dwa częściowo zamknięte. International Journal of Fracture, 12, 223-234, 1976.
14. Bakioglu M, Erdogan F. Kontakt z pęknięciem i problem wolnego końca taśmy pod obciążeniem szczątkowym. ASME Journal of Applied Mechanics, 44, 41-46, 1977.
15. Beghini M, Bertini L. Skuteczny czynnik intensywności stresu i stres kontaktowy dla częściowo zamkniętej pęknięcia Griffitha w zginaniu. International Journal of Engineering Fracture Mechanics, 545, 667-678, 1996.
16. Chen YZ. Problem z pęknięciem styków w nieskończonej płytce. International Journal of Engineering Science, 37, 621-630, 1999.
17. Birinci A, Cakiroglu FL. Częściowe zamknięcie pęknięcia znajdującego się w nieskończonej warstwie elastycznej. European Journal of Mechanics A/Solids, 22, 583-590, 2003.
18. Delale F, Erdogan F. Złamanie kompozytowych płyt ortotropowych zawierających okresowe paski buforowe. Sprawozdanie techniczne, NASA Grant NGR39-007-011, 1976.
19. Erdogan F, Gupta G. O numerycznych rozwiązaniach pojedynczych równań całkowitych. Quarterly Journal of Applied Mathematics, 29, 525-534, 1972.
20. Gupta GD, Erdogan F. Problem pęknięć krawędzi w nieskończonym pasie. Journal of Applied Mechanics, 41, 1001-1006, 1974.
21. Gecit MR. Pęknięty elastyczny pasek połączony ze sztywną podporą. International Journal of Fracture, 146, 575-584, 1978.
22. Krenk S. Uwaga na temat wykorzystania wielomianu interpolacji dla rozwiązań pojedynczych równań całkowitych. Quarterly Journal of Applied Mathematics, 32, 479-485, 1975.
23. Johnson KL. Skontaktuj się z mechaniką. Cambridge University Press, Cambridge, UK, 1985.
24. Chan SK, Tuba IS. Metoda elementów skończonych w przypadku problemów kontaktowych z ciałami stałymi-1: teoria i walidacja. International Journal of Mechanical Sciences, 13, 615-625, 1971.
25. Francavilla A, Zienkiewicz OC. Notatka na temat numerycznego obliczania problemów z kontaktem elastycznym. International Journal for Numerical Methods in Engineering, 17, 913-924, 1975.
26. Jing HS, Liao ML. Ulepszony schemat elementów skończonych dla elastycznych problemów kontaktowych z tarciem. Komputery i struktury, 35(5), 571-578, 1990.

27. Anderson T. Metoda elementu granicznego zastosowana do dwuwymiarowych problemów kontaktowych z tarciem. W środku: Brebbia, C.A., Springer, Berlin, 239-258, 1982.
28. Garrido JA, Foces A, Paris F. BEM stosowany do ustępowania problemów kontaktowych z tarciem. Modelowanie matematyczne i komputerowe, 15, 143-154, 1991.
29. Garrido JA, Lorenzana A. Ponowne wystąpienie problemu kontaktu związanego z dużymi przemieszczeniami przy użyciu BEM. Analiza inżynieryjna z elementami granicznymi, 21, 295-303, 1998.
30. Paris F, Blazquez A, Canas J. Kontakt z dyskredytami niezgodnymi metodą elementów granicznych. Komputery i struktury, 57(5), 829-839, 1995.
31. Keer LM, Dundurs J, Tsai KC. Problemy związane z cofnięciem się kontaktu między warstwą a półprzestrzenią. ASME Journal of Applied Mechanics, 39, 1115-1120, 1972.
32. Erdogan F, Ratwani M. Problem z kontaktem z elastyczną warstwą podtrzymywaną przez dwie ćwierćpłaszczyzny. ASME Journal of Applied Mechanics, 41, 96, 673-678, 1974.
33. Civelek MB, Erdogan F. Problem podwójnego kontaktu osiowo-symetrycznego dla beztarciowej warstwy elastycznej. International Journal of Solids and Structures, 10, 639-659, 1974.
34. Gladwell GML. Na niektórych nieobciążonych problemów kontaktowych w teorii sprężystości płaszczyzny. ASME Journal of Applied Mechanics, 43, 263-267, 1976.
35. Adams GG. Elastyczny pasek dociskany do elastycznej półpłaszczyzny przez stale poruszającą się siłę. ASME Journal of Applied Mechanics, 45, 89-93, 1978.
36. Gecit MR. Problem podwójnego kontaktu osiowo-symetrycznego dla beztarciowej warstwy elastycznej wgniecionej przez elastyczny cylinder. International Journal of Engineering Science, 24(9), 1571-1584, 1986.
37. Zhang L, Lin Z. Nowy model mechanika wykrawania cienkiego paska na elastycznym podłożu. International Journal of Solids and Structures, 34, 3, 327-339, 1997.
38. Comez I, Birinci A, Erdol R. Problem podwójnego cofania kontaktu dla sztywnego ponczu i dwóch elastycznych warstw. European Journal of Mechanics A/Solids, 23(2), 301-309, 2004.
39. El-Borgi S, Abdelmoula R, Keer LM. Problem cofania się płaszczyzny styku między warstwą ocenianą funkcjonalnie a jednorodnym podłożem. International Journal of Solids and Structures, 43, 658-674, 2006.

40. Choi HJ, Thangjitham S. Analiza naprężeń wielowarstwowych elastycznych mediów anizotropowych. ASME Journal of Applied Mechanics, 58, 382-387, 1991.
41. Pindera MJ, Lane MS. Beztarciowy kontakt półpłaszczyzn warstwowych Część I: Analiza. ASME Journal of Applied Mechanics, 60, 633-639, 1993.
42. Pindera MJ, Lane MS. Beztarciowy kontakt półpłaszczyzn warstwowych Część II: Wyniki liczbowe. ASME Journal of Applied Mechanics, 60, 640-645, 1993.
43. Weitsman Y. Kontakt beznapięciowy pomiędzy belką a elastyczną półprzestrzenią. International Journal of Engineering Science, 10, 73-81, 1972.
44. Ratwani M, Erdogan F. Na problem kontaktu z płaszczyzną w celu uzyskania elastycznej warstwy beztarciowej. International Journal of Solids and Structures, 9, 921-936, 1973.
45. Civelek MB, Erdogan F. Problem beztarciowego kontaktu z elastyczną warstwą pod grawitacją. ASME Journal of Applied Mechanics, 42(97), 136-140, 1975.
46. Civelek MB, Erdogan F. Separacja interfejsu w beztarciowym problemie kontaktowym dla warstwy elastycznej. ASME Journal of Applied Mechanics, 43(98), 175-177, 1976.
47. Civelek MB, Erdogan F, Cakiroglu AO. Separacja interfejsu dla warstwy elastycznej obciążonej sztywnym stemplem. International Journal of Engineering Science, 16, 669-679, 1978.
48. Gecit MR. Beznapięciowy kontakt bez tarcia pomiędzy warstwą elastyczną a elastycznym podłożem. International Journal of Solids and Structures, 16, 387-396, 1980.
49. Gecit MR. Problem kontaktu osiowo-symetrycznego dla warstwy elastycznej i elastycznego podłoża. International Journal of Engineering Science, 19, 747-755, 1981.
50. Cakiroglu AO, Cakiroglu FL. Problemy z kontaktem ciągłym i nieciągłym dla pasków na elastycznej, półokrągłej płaszczyźnie. International Journal of Engineering Science, 29(1), 99-111, 1991.
51. Birinci A, Erdol R. Problem ciągłego i nieciągłego kontaktu z kompozytem warstwowym, spoczywającym na prostych podporach. Structural Engineering and Mechanics, 12(1), 17-34, 2001.
52. Birinci A, Erdol R. Problem beztarciowego kontaktu dwóch elastycznych warstw wspartych podkładem Winklera. Inżynieria strukturalna i mechanika, 15(3), 331-344, 2003.

FSC
www.fsc.org
MIX
Papier | Fördert
gute Waldnutzung
FSC® C083411

Kolibri 360 GmbH
Ferdinand-Jühlke-Straße 7
99095 Erfurt, Deutschland
produktsicherheit@kolibri360.de

Druck:
CPI Druckdienstleistungen GmbH
im Auftrag der
Kolibri 360 GmbH
Ferdinand-Jühlke-Str. 7
99095 Erfurt